SOY EL QUE SOY

UNA GUIA HACIA EL SOL

PARA EL VIAJERO PENSANTE

Capítulo 1

<u>"Las más grandes preguntas"</u>

El ser humano se ha distinguido del resto de las especies por algo muy simple, somos la especie con mayor capacidad de asombro, duda, y curiosidad, eso nos ha traído hasta el punto histórico actual, dentro de nuestra historia objetiva, pues la etapa más reciente de nuestra "evolución", se ha ido definiendo más como una evolución intelectual, que física.

La gran chispa que inició el fuego del conocimiento a través el cual nos hemos desarrollado, no es otra cosa, sino la curiosidad... es decir, nuestro apetito por descubrir, por saber, por entender, por probar y experimentar.

Muchas veces he leído que nuestro desarrollo se basa en la necesidad de hacernos la vida más cómoda y fácil como individuos, grupo o civilización, pero en realidad, si reflexionamos, nuestro sentido de duda, nuestra adicción por entender nuestro entorno, siempre ha estado ahí, incluso desde el inicio de la civilización moderna, o incluso, desde antes... posiblemente desde el inicio de nuestra especie.

Sería más fácil imaginar un "cuándo", si tan solo consideramos el momento en el que el hombre se maravilló por primera vez con el mar, el clima, o las estrellas. Es por eso, que si nos basamos en la totalidad de la evidencia, y la analizamos de forma generalizada, no únicamente parcialidad por parcialidad, o bien categoría por categoría, evitando así, dividir la información, veremos que el hombre ha evolucionado, más por curiosidad, y por sed de entender, que por necesidad, comodidad o incluso por supervivencia.

Nuestro instinto de supervivencia, satura nuestra mente, genera estrés, y aunque se cree, sirve para enfocar nuestro intelecto, y así encontrar soluciones a los problemas, pienso que esto no es del todo objetivo, y mucho menos del todo correcto, pues la mayoría del conocimiento se ha generado no por necesidad, sino por curiosidad.

Tratemos de imaginar la posibilidad de que el descubrimiento del fuego, no fue debido a la necesidad de sobrevivir al invierno o a la noche, sino posiblemente, fue por la curiosidad generada al ver una situación nueva y maravillosa, como por ejemplo, el ver que al chocar dos piedras de cierto tipo, se generaban una chispa, curiosidad que nos llevó a jugar, y a experimentar con este descubrimiento, llegando a concluir que esta chispa generaba fuego al caer sobre ciertos materiales, como en las hojas secas.

Claro que todo esto es una situación posible y/o probable, pero no comprobada, y solo es planteada para ejemplificar esta idea.

Al fuego, por naturaleza e instinto, lo reconocemos como algo peligroso, algo de lo que debes alejarte para sobrevivir, pero la curiosidad, nos llevó a superar ese instinto, superar el miedo, y fue así, al controlar este poderoso elemento, que ya siendo del conocimiento común, se usó como una herramienta más para ayudarnos a sobrevivir.

La curiosidad mato al gato, pero en el caso del hombre... la curiosidad lo convirtió en lo que es hoy en día.

Así que, si buscamos evolucionar, debemos de seguir nuestro más insaciable deseo de curiosidad, y buscar las más grandes preguntas que podamos plantear, las preguntas más maravillosas que nuestra mente pueda pensar, aquellas que más se puedan relacionar con la grandeza, pero, ¿qué preguntas podrías plantearte si quisieras realmente profundizar sobre las cuestiones de mayor significado?, ¿cuáles son las preguntas correctas?

- Por donde debería iniciar?...

-- Pues eso depende a donde quieras llegar?...

- y si...?!...

-- Bien!, ¡has elegido un muy buen punto de partida!...

-y si tuviéramos que empezar por el principio?

--Suena redundante y absurdo, pero así es la vida, ¿no?...

Reiniciemos nuestra conciencia, hasta nuestro despertar.

¿Quién soy?, ¿en dónde estoy?, ¿qué es todo esto?, ¿por qué estoy aquí?

¿No has notado que son las preguntas de todas las personas cuando despiertan después de haber estado inconscientes, drogados, o dormidos profundamente? ¿Sera que estas son las preguntas más básicas de nuestro repertorio lingüístico y cultural?, o ¿serán las grandes preguntas esenciales?, creo que eso será algo que cada quien deberá aclarar, en cuanto a mi persona, puedo adelantar que este libro te hablará de lo que he ido encontrando, tras hacerme estos cuestionamientos.

Después de todo, el nacimiento es un inicio, tal vez incluso un reinicio según algunas creencias, en ambos casos, las primeras preguntas de nuestra conciencia, sean posiblemente las mismas, y es por eso que muchos filósofos y científicos han considerado al hecho de plantearse estas preguntas, como la verdadera evidencia de conciencia en una forma de vida. Es decir, no hay conciencia en un ser, si no se ha cuestionado sobre sí mismo, y sobre su Entorno.

Tomando como referencia los niveles de conciencia definidos por Michio Kaku, en su libro "El futuro de nuestra mente", podríamos hablar de 4 niveles de conciencia:

Nivel 0: Bucle de relación al Entorno (plantas).- Actuación automática según lo detectado por nuestros sensores corpóreos, no se tiene capacidad de crear un modelo del mundo. Ausencia de sensaciones.

Nivel 1: Flujo de Conciencia (reptiles).- Es en esta en la cual se entiende lo que hay en nuestro entorno, y nuestra relación a ello, esto al interpretar las señales detectadas por nuestros sensores corpóreos a través del procesamiento de esta información, almacenándola en la memoria y creando así un modelo del mundo, permitiendo descubrir nuestra posición en el. (presencia de sensaciones causadas por el entorno).

Nivel 2: Encontrar nuestro lugar en la Sociedad (mamíferos).- En esta se usan los recuerdos almacenados en la memoria, de lo captado por nuestros sensores en ciertas "situaciones" pasadas, aquí se incluyen las sensaciones y emociones básicas primitivas (indicios de empatía), esto nos ayuda a crear un modelo de nuestro entorno, incluyendo nuestro lugar ante los demás individuos. (formación de grupos/manadas, posibles indicios de individuos con cierto grado de curiosidad)

Nivel 3: Simular el Futuro (humanos y mamíferos avanzados).- Aquí no solo podemos crear modelos mentales del entorno espacial, temporal y social, sino que podemos crear posibles modelos futuros, creando mapas causales mentales, es decir nos permite imaginar situaciones o mundos, que no existen aún. (imaginación, creatividad, capacidad para la creación de herramientas/tecnología).

Desde mi punto de vista personal, estos niveles de conciencia, y la evolución por la que ha pasado la nuestra, está íntimamente relacionado a las preguntas "fundamentales", mencionadas anteriormente; primero necesitábamos poder interactuar con el entorno, para después entender un poco el mundo y nuestra posición en el, una vez logrado esto, necesitábamos la capacidad de entender lo que no podíamos detectar o sensar, así que obtuvimos la capacidad de crear modelos simulados en base a lo que ya hemos detectado, es decir Imaginar.

Es importante para mí obviar, que entre cada nivel de conciencia mencionado, existen una gran cantidad de subniveles de desarrollo, desde uno muy básico, hasta uno sumamente complejo, pero ¿qué tan lejos está el más complejo del nivel 0, del más básico del nivel 1?, ¿será algo difícil de diferenciar en sus límites, o será una brecha tan grande que incluso podríamos llegar a mencionar la idea de saltos evolutivos?.

¿Qué tanta diferencia hay entre una planta y un reptil?

Las plantas han sobrevivido millones de años, igual los reptiles, los mamíferos también, entonces, si no es del todo necesario ir más allá para sobrevivir, ¿porque la conciencia del hombre ha evolucionado a otro nivel?, ¿cómo podría ser el siguiente?, ¿cómo sería un nivel de conciencia 4?, ¿es siquiera posible? Creo que, de ser posible, este tiene que tener una fuerte relación con estas preguntas y con sus "respuestas".

Capítulo 2

<u>"Una Realidad no tan Real"</u>

¿Alguna vez has cuestionado la naturaleza de tu realidad?

El punto inicial correcto, según considero, para emprender una cruzada de esta talla, no es cuestionarnos sobre nuestra realidad, sino definir "que es la realidad", y definir la realidad en sí, ya es todo un problema filosófico por sí mismo, por lo cual daré una definición muy personal, y espero suficientemente generalizada, para no caer en esta trampa del pensamiento.

La gran mayoría de las definiciones oficiales de la palabra "realidad", tienen un concepto en común, la "percepción". Lo que percibimos como real, es lo que da forma a nuestra realidad, cuando hablamos de nuestra "percepción del mundo", nos referimos al proceso de sensar, es decir, hacer uso de los sensores naturales que tiene nuestro cuerpo y que dan origen a nuestros sentidos.

Es a través de nuestros sentidos que captamos información, misma que es usada por nuestro cerebro para crear un modelo mental y complejo de nuestro entorno, formando así lo que definimos instintivamente como "realidad", es decir, formando nuestro modelo mental del mundo. El cual suele ser desde ligeramente diferente, a extremadamente distinto, entre dos o más individuos receptores de esta, porque dos personas pueden sensar cosas ligeramente distintas, o bien llegar a diferentes modelos mentales según lo que han sensado individualmente de su entorno.

Ejercicio mental: Hagamos una reflexión, para explicar y reflexionar, lo relativo y superficial, que es la realidad que forma nuestros sentidos.

Nuestros ojos, conforman nuestro sentido de la vista, ellos generan el mayor porcentaje de la información que usamos para crear nuestro modelo de la realidad, y están diseñados para detectar un rango especifico de la luz, es decir no el espectro completo (evidencia de parcialidad), todo lo que creemos ver, en realidad no es más que un conjunto de rayos de luz que rebotan sobre las cosas, haciendo notar su forma y colores, es decir, cuando vemos una "puerta", no estamos viendo realmente la "puerta", estamos viendo la luz (parcialmente) que rebota en ella y después llega a nosotros, entrando por nuestros ojos, los cuales a través de los nervios ópticos, generan señales eléctricas que nuestro cerebro procesa (según su capacidad), formando como resultado, nuestro modelo mental de una puerta.

Para remarcar, hagamos lo mismo con el resto de nuestros sentidos, es decir escuchar la puerta, sentirla, olerla, todo esto formara una realidad más detallada (pero no total), de esa puerta en específico.

Ahora, si nuestros ojos tuvieran una calibración diferente a los de otra persona, mi modelo mental de la puerta sería diferente al de esa persona, es decir, que nuestras realidades no serían iguales, pero esto no significaría que el mundo que compartimos no sea el mismo, solo nuestra percepción de él y nuestro modelo mental, es lo que difiere.

¿Existe una realidad común, una que sea igual para todos?

¿Existe lo que no se puede detectar con nuestros sentidos?

A mi parecer, (aclaro que no tiene que ser así en el tuyo) en ambos casos la respuesta es sí. Creo que las imágenes mentales comunes, que forman nuestro sentido común, es un regalo de nuestro nivel de conciencia actual, que nos permite usar la memoria, para saber que el agua moja, que de la lluvia cae agua de arriba hacia abajo, haciendo de estas características de la "realidad", algo común para un mismo grupo de individuos. Aunque la verdad es que individualmente tengamos un modelo ligeramente diferente, la generalidad de la lluvia forma una realidad común, aunque sea de manera parcial, pues para algunos la lluvia es buena, para otros pudiera ser mala, para algunos es una bendición, para otros el enojo de un Dios.

La relatividad de la realidad, no le quita el sentido de entorno común, para los que vivimos en ella, es nuestro nivel dos de conciencia, es por eso que formamos manadas, familias, comunidades, etc.

En cuanto a que, si existe lo que no podemos detectar con nuestros sentidos, pues creo que aquí interviene nuestro nivel de conciencia 3, aquí es donde la imaginación actúa, pues bajo mi techo no puedo ver la luna, ni escucharla, ni sentirla de ninguna manera, pero sé que existe y que está ahí, incluso cuando es de día, y esta el sol, sé que la luna sigue existiendo y está ahí. Las señales de radio existen, están ahí, la radiación, la luz infrarroja, las ondas electromagnéticas, etc.

Nuestra realidad relativa o personal, tal vez es más completa que la realidad común, considerando "común" a la que esta formadas por características coincidentes entre todas las realidades individuales, pero, aun así, no deja de ser una pisca de la realidad verdadera, pues deberíamos poder sensar todo al mismo tiempo, y con "todo" hago referencia al tener la capacidad de poder detectar todas las variables posibles en la realidad verdadera (no sabemos incluso si conocemos todas las variables posibles), y no solo eso, sino que nuestros sentidos deberían estar lo mejor calibrados posible, y por último, nuestra capacidad de procesamiento y análisis debería ser prácticamente infalible (deberíamos tener un cerebro perfecto, y sin errores), y solo así, posiblemente, podríamos conocer como es nuestro mundo en realidad.

Como ya habrás concluido, esto es prácticamente imposible, por lo cual solo nos queda tener la mente abierta y entender, que lo que creemos real, no es tan real como pensamos, y quisiéramos, pues solo es una realidad relativa y sumamente parcial.

Capítulo 3

"Ni materia, ni energía; Información"

Todas las cosas están hechas de materia... ¿o no?.

Desde el punto de vista físico, la materia es una de las formas o estados que tiene la energía, o así lo ha dejado plasmado el genio de la física Albert Einstein, esto en su más famosa ecuación.

$$E=mc^2$$

(Energía igual a la masa por la velocidad de la luz al cuadrado)

donde se afirma lo siguiente:

"La masa de un cuerpo es una medida de su contenido en energía".

Es decir, la materia tiene no solo una equivalencia en energía, sino que también, una relación abierta y directa con ella; porque al final pertenecen a lo mismo.

Por conclusión, no es que "la masa, no se cree, ni se destruya, y solo se transforme" o que "la energía, no se cree, ni se destruya, y solo se transforme", sino que "la masa + la energía, no se crean, ni se destruyen, sino que se transforman", porque ambas son dos estados de lo mismo, y pueden transformarse una en otra.

Creo que sería importante aclarar los conceptos, de los cuales estamos hablando, primero, definiendo los conceptos de manera individual, para así, lograr una relación que sea equivalente.

¿Qué es la materia?... la materia es todo aquello que tiene un lugar en el espacio, por lo cual, toda la materia tiene masa y volumen.

Ahora, ¿qué es la energía?... la energía es aquello que requiere la materia para realizar un trabajo, considerándose trabajo a toda acción, inclusive la acción de estar, o existir.

Acumulando una cantidad enorme de energía en un punto se puede crear materia, y la materia al destruirse genera o libera, una cantidad enorme de energía.

Entonces, una vez llegado este punto en particular, hay que replantearse el concepto de energía, y definirlo en base a la comparativa con el concepto de materia.

La energía, en comparación a la materia, no tiene masa, no tiene volumen, no, hasta que se transforma en ella. Si dejamos la idea así, parecerá que la energía y la nada, son dos nombres de lo mismo... reestructuremos la idea, ¿de qué se forma la energía?, muy probablemente, de un concepto abstracto como el de "información", pues es la información algo que no requiere de espacio, o masa, y que va más allá de la idea de la energía.

Hagamos una reflexión sobre esto, ¿realmente el mundo moderno sabe que es la energía?, o, mejor dicho, ¿de qué está formada la energía?

Muchos físicos modernos hablan de cuerdas vibrantes, donde cada frecuencia y modo de vibración de estas cuerdas, formarían las partículas fundamentales de lo que todo está hecho, es decir la energía podría ser de una manera muy probable, el resultado de cierta forma de vibración, que lleva en ella información.

Las cuerdas que forman el espacio dimensional donde existimos (de existir estas), vibran con cierta frecuencia y forma, formando un dato de información, como si fuese un bit, solo que no está limitado a únicamente 2 estados posibles, 0 y 1, sino que tienes más estados probables, es así, que, según su estado, sería la partícula a la que le daría forma, y la energía seria en sí, la vibración misma del espacio, considerando que hay una íntima relación entre frecuencia y energía. Explicando, de ser cierto, las peculiaridades de la aún muy reciente física cuántica.

Siguiendo con la curiosidad, que ya se ha adueñado de nuestro pensamiento, habría que identificar lo siguiente, si todo llegase a ser información, ¿qué es lo que genera esa información?, la materia no se genera de la nada, se genera de la energía, y la energía no se puede crear o destruir, y de generarse no se generaría de la nada pues se generaría del movimiento vibratorio, pero, ¿que genera esa información?, ¿qué hace vibrar a esas cuerdas?, ¿que son esas cuerdas?

Para que algo vibre se ocupa espacio y tiempo, el espacio dimensional es necesario pues da la libertad que se necesita para que se genere movimiento de la vibración, y el tiempo da la secuencia de estados necesaria, para que un cambio de posición sea posible.

Para que algo se mueva o vibre, necesita haber espacio, pues si no hay espacio, hacia donde se generaría el movimiento, sería una vibración sin amplitud, y sin tiempo, no hay secuencia, es decir no hay frecuencia.

Hasta donde alcanzo a imaginar todo se reduce a cinco cosas que moldean la realidad física; espacio, tiempo, un receptor, un medio, y una fuente. Estos dos últimos puntos, se refieren, a un medio en el cual generar la información que dará estructura a la realidad y una fuente que genere dicha información.

Capítulo 4

"Otras Dimensiones"

Nuestra realidad, tal y como la conocemos hoy en día, es una realidad tridimensional, es decir está compuesta de 3 dimensiones espaciales.

(1) De izquierda a derecha, o la anchura, es una dimensión,

(2) de arriba abajo, o la altura, sería la segunda dimensión, y

(3) de adelante a atrás, o la profundidad, sería la tercera dimensión espacial.

Ahora me gustaría explicar cómo se componen las dimensiones, en primera instancia, nos toca imaginar un punto.

Un punto no tiene medidas, no podemos decir que tan grande es, por que no tiene dimensiones, es decir, es de dimensión cero.

Si hacemos un barrido de ese punto hacia otro punto, creando una secuencia de puntos, estaremos formando una línea,

---

las líneas si tiene una dimensión, podríamos decir que tan larga es una línea, pero esa línea no tiene un área y mucho menos volumen, por lo cual una línea, es un elemento unidimensional, o de una dimensión.

Ahora imaginemos que tomamos esa línea y hacemos un barrido con ella hacia una dirección perpendicular, ahora esa secuencia de líneas conectadas entre sí, estarían formando un cuadrado,

y un cuadrado ya tiene una anchura, y una altura, tiene área, es decir, tiene dos dimensiones, lo que lo convierte en un elemento bidimensional.

En última instancia tomemos ese cuadrado y hagamos un barrido en dirección perpendicular, esta secuencia de cuadros, estaría formando un cubo,

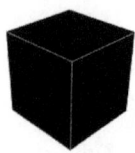

un cubo es un elemento con anchura, altura y profundidad, con volumen, es decir es un elemento tridimensional, siendo este último un elemento común en nuestra realidad, pues nosotros hasta donde sabemos, somos criaturas tridimensionales.

¿Qué pasaría si te pidiera, que tomaras un cubo e hicieras un barrido perpendicular a sus direcciones?, ¿podrimos formar un elemento tetradimensional (de cuatro dimensiones)?, ¿hacia dónde seria ese barrido?

Edwin A. Abbott, en su libro "Planilandia", nos plantea un ejercicio mental muy divertido:

Imaginémonos que somos seres bidimensionales y no tridimensionales, que somos más parecido a un cuadrado, que, a un cubo, que vivimos a un universo parecido a una hoja de papel, es decir, en un mundo plano, ¿cómo veríamos al mundo?,

¿seriamos capaces de entender la existencia de una tercera perpendicularidad?, ¿de conocer hacia donde es esa dirección?, ¿podríamos ver a seres o elementos de tres dimensiones en nuestro mundo?, ¿cómo los veríamos?

Posiblemente no podríamos imaginar de manera intuitiva como seria la existencia de una tercera dimensión, y mucho menos lograr ver a seres o elementos de la tercera dimensión, a lo mucho los veríamos parcialmente, de una manera muy limitada a nuestra perspectiva, tal vez veríamos solo su proyección bidimensional de su entidad tridimensional, pero no por eso, dejaría de existir la tercera dimensión. Por ejemplo, si un cubo siendo de tres dimensiones se hiciera presente en mi mundo bidimensional, solo veríamos una línea desde nuestra perspectiva bidimensional.

Ahora regresemos a nuestra realidad, y hagamos la siguiente reflexión, no porque no podemos imaginar, o concebir, hacia donde es la perpendicular hacia donde podríamos hacer un barrido del cubo, significa que el cubo, no pueda o tenga más dimensiones posibles, como las tuvo el punto, la línea, o el cuadrado, pero, ¿cómo serían los indicios de una dimensión arriba?, ¿podríamos algún día conocerla?, ¿ver elementos de ella?, ¿hay elementos observables que sean parcialidades de elementos de 4 dimensiones?, ¿será que toda la realidad observable no es más que una parcialidad de una realidad mayor o de más dimensiones?

Esto es una de las cosas que propone la física cuántica, cuando habla sobre cosas tales como el **principio de la superposición de** estados, la dualidad onda-partícula y particularmente de la paradoja del gato de Schrödinger. La cuántica menciona una posibilidad, en la cual, todas las cosas tienen un barrido probabilístico hacia sí mismas, y toman su estado actual, o real, al ser observadas. Es decir, el barrido seria hacia nosotros mismos, dando con esto una dirección a la siguiente perpendicularidad, la cual nos es imposible observar de manera total, y de la cual, nosotros mismos somos solo una parcialidad tridimensional de ella. Este barrido estaría creando una secuencia (infinita, o no) de nosotros mismos, definiendo cual es el yo que existe en esta realidad (el observado), hasta que es visto.

También está la referencia, de las actuales teorías unificadoras, como la Teoría M, donde se propone la existencia hasta de 11 dimensiones espaciales.

Me gustaría recordar la siguiente idea; en el inicio, todo estaba en un solo punto, el cual no tiene dimensiones. Cuando todo dio inicio ese punto se barrió, en secuencias, hasta ir definiéndose en una forma multidimensional.

Aquí encuentro un dato muy curioso, pues el tiempo, es lo que permite a la realidad un avance, sin el tiempo ningún tipo de barrido, extensión, o movimiento, podría ser llevado a cabo. ¿Había tiempo antes del barrido?, ¿o el barrido y el tiempo se construyeron juntos y simultáneamente?

¿Serán las dimensiones un componente de la realidad, o serán el medio de la realidad misma?, es decir, ¿el espacio se formó junto con todo lo demás?, ¿o todo se formó en el espacio?

Capítulo 5

"Luz y Tiempo"

En el principio, todo era vacío, no había materia, incluso, posiblemente ni siquiera espacio, pues hablaríamos de que todo estaba encerrado en un solo punto, y un punto no tiene dimensión espacial alguna, aquí todas las fuerzas fundamentales estarían equilibradas y contrarrestadas.

En el principio no había nada... hasta que hubo.

Esto es una idea aún muy moderna del origen del universo, pero; ¿no había nada, ni siquiera tiempo?, ¿estaba el tiempo congelado?

Para esto debemos definir una idea general de lo que es el tiempo; desde mi punto de vista, el tiempo puede definirse de dos maneras igual de lógicas:

1.- Es una secuencia de lectura de variables, una línea de avance independiente de los sucesos, por ejemplo, supongamos una variable "x", esta variable puede tener valores como 0, 1, 2 ,3..., aunque esta variable se mantenga como constante en un valor, por ejemplo, en 1, el tiempo sigue avanzando, dándole la oportunidad de variar, pues si no hay tiempo, no existirían las variables, todo sería constante.

El tiempo es quien hace posible los cambios de estado de las variables y no los cambios de estado de las variables hacen posible nuestra idea del tiempo.

"El tiempo como base del movimiento"

2.- El tiempo es el propio cambio de variables, y no algo separado; si ninguna variable cambiase de estado, no habría una secuencia de estado detectable, por lo cual no existiría el tiempo.

Los cambios de estado de las variables nos dan nuestra percepción del tiempo, es decir, el tiempo no existe como tal, solo es una conceptualización provocada por los cambios de estado de las variables que conforman nuestra realidad.

"El movimiento como base del tiempo"

En este punto, incluimos al movimiento dentro de nuestra idea del tiempo, el movimiento es importante, pues hablar de movimiento es hablar de velocidad, algo que apasiono a una de las más grandes mentes de nuestra era, Albert Einstein, pues fue la velocidad de la luz, lo que llevo a Einstein a concluir que hay una barrera de velocidad (movimiento), en donde aparentemente deja de existir el espacio, y donde el tiempo se detiene.

Nada en el universo puede viajar más rápido que la luz.

-Albert Einstein

Mi interpretación de lo descubierto por Albert Einstein, es que existe una posibilidad en que la realidad, existe como tal, porque se ralentizó, se hizo lenta, es decir, todo se movía a la velocidad de la luz, y cuando se empezó a ralentizar, se creó el universo como lo conocemos.

Eso, sería como decir, que todo existe en la luz (considerando luz, como todo tipo de energía, no solo lumínica) y se materializa, al frenarse.

Todo era luz, hasta que dejo de serlo, y en ese momento, adquirió masa, dimensión, y tiempo, salvo la luz, que siguió siendo luz, siguiendo en un estado, sin masa, sin dimensión, sin tiempo.

¿Sera la luz el indicio de una cuarta dimensión superior de la que hablábamos en el capítulo anterior?, ¿existe luz en los universos de 1 o 2 dimensiones espaciales?

Según dice la relatividad general, si todo en el universo viajara a la velocidad de la luz, su dimensión se reduciría a cero, y el tiempo estaría detenido (dilatación del tiempo y contracción del espacio). Tal vez, sería como estar en el punto de inicio donde no había nada. Para esto toda la materia tendría que regresar a estado de energía, y perder toda su masa.

Todo en el universo envejece, menos la luz. Para la Luz no hay un pasado y un futuro, solo el presente. Por lo tanto, la luz, no tiene un marco de referencia imaginable o detectable. Por lo que está en todos lados al mismo tiempo, hasta que interactúa con algo que viajase a menor velocidad que ella. ¿Con que interactuó la luz por primera vez cuando todo era luz?, ¿porque se ralentizó el universo?

El tiempo existe, si existe una referencia, y la velocidad tanto del observador, como del observado, crea la base, que determinaran el paso del tiempo de cada uno, pues uno es referencia del otro. Por lo cual el tiempo podría no existir si no hubiera interacciones.

Ejercicio mental:

Imagina un observador hipotético, el cual porta un reloj de pulsera, ahora imagina que este observador es un ser que no tiene masa (dije hipotético), y este empieza a viajar a la velocidad de la luz, ¿para él, el reloj avanzaría a una velocidad normal?

Ahora imagina un segundo observador, el cual es normal y terrestre, el sí tiene masa, y está viajando a una velocidad tan lenta, como la tuya actualmente (aunque creas no moverte, avanzas junto con la tierra, con el sistema solar, y con la galaxia), ¿cómo sería el observador que viaja a la velocidad de la luz desde la perspectiva de este segundo observador?

Si no existiera el segundo observador, ¿el movimiento del primero seguiría siendo válido?, ¿se daría cuenta que está viajando a la velocidad de la luz?

En resumidas cuentas, las definiciones del tiempo, 1 y 2, expresadas anteriormente, son ambas ciertas a la vez. Pues el tiempo depende de los cambios de variables y los cambios de variables dependen del tiempo, en una eterna codependencia. Incluso al final, todo podría estarse moviendo o interactuando entre si desde siempre, como un reloj de cuerda infinita.

Capítulo 6

"Polvo en el viento"

Cuando se habla de la ciencia antigua, forzosamente se llega al tema de la alquimia, los antiguos alquimistas, son conocidos por querer transformar (transmutar) otros elementos (como el plomo) en oro.

El oro es uno de los elementos de la tabla periódica clásica, en esta tabla, se enlistan todos los elementos conocidos por el hombre, acomodados según su masa, o bien su peso atómico, el de menor masa, es el Hidrogeno.

El hidrogeno es el elemento más común en el universo, se dice incluso, que fue el primer elemento material del universo, y que con base a este elemento se ha creado el resto de ellos, por ejemplo, al chocar con suficiente energía dos átomos de hidrogeno, se genera un átomo de Helio, pero la energía necesaria para crear esta singularidad, es desde la perspectiva humana, ¡ENORME!, y el motor natural más común que podríamos encontrar, son las estrellas.

Una estrella como nuestro sol, utiliza Hidrogeno como combustible, y en su núcleo hay tanta energía, que logra transformar algunas de estas moléculas de Hidrogeno en Helio (principio de fusión).

El Helio es el segundo elemento que podemos encontrar en una tabla periódica, y tiene casi cuatro veces más masa que el Hidrogeno, si el sol solo tiene suficiente energía como para crear únicamente Helio, ¿cómo es posible que en el universo existan cosas aún más pesadas como el oro?

El Oro tiene casi 196 veces más masa que el Hidrogeno, si para crear Helio que solo tiene cuatro veces más masa, se necesita el poder de una estrella, ¿cuánta energía se requeriría para crear oro?, ¿es posible?

La respuesta es sí, pues tenemos fuentes más grandes de energía, como las estrellas gigantes, los pulsares, las explosiones de estrellas conocidas como supernovas, el choque de estrellas, el choque de pulsares, los agujeros negros, los agujeros negros ultra masivos, y los choques de agujeros negros. Todas estas fuentes de inmensa energía, son la fuente de todos los elementos conocidos, de toda la materia común que conocemos, incluso todos los elementos de la tabla periódica se han creado en alguna de estas fuentes.

Es decir, el oro que encontramos en la tierra, no se creó en la tierra, es mucho más antiguo, más antiguo incluso que el sol, y pudo haberse generado en algunos de estos eventos de energía extrema.

Es sumamente probable que el anillo de oro que llevas puesto, puede ser parte de una estrella extinta, de una explosión tan grande que no podrías imaginar de forma intuitiva y simple, incluso se pudo haber originado hace miles de millones de años. Podría decirse, que está hecho, al igual que todo, del polvo residual de estrellas.

Todas las cosas físicas que conocemos, incluidos nosotros mismos, los seres humanos, y todos los seres del universo, no somos más que polvo estelar, viajando en el viento universal. Como bien había predicho Kerry Livgren en "Dust in the wind" del grupo Kansas.

"Polvo en el viento, todo lo que somos es polvo en el viento"

Capítulo 7

"La Base"

Si la molécula base, hasta donde conocemos hoy en día, es el Hidrogeno, queda preguntarnos, en un análisis regresivo hacia el origen, ¿cómo se forma una molécula de Hidrogeno?

Las moléculas están formadas por partículas fundamentales, en el primer nivel de categorización de estas podríamos identificar a los neutrones, los protones y los electrones, estos constituyen desde la primera capa inferior o primer escalón (en una escalera descendente), la molécula de Hidrogeno.

Una molécula de Hidrogeno está estructurada, por un núcleo, compuesto por un neutrón y un protón, así como un electrón que lo órbita, pero, ¿qué es un neutrón?, ¿un protón? y ¿un electro?; son partículas diminutas, de tamaño subatómico, es decir que siguen siendo materia, pues tienen masa, incluso tienen carga eléctrica, ya sea positiva (protón), negativa (electrón) o neutra (neutrón), el neutrón es el única de estas tres partículas que carece de carga eléctrica.

Sabemos que la carga eléctrica es una propiedad de las partículas (materia), y es lo que ocasiona las interacciones entre ellas.

También sabemos que la carga eléctrica genera los campos electromagnéticos, pero ¿sabemos que es la carga eléctrica?

La carga eléctrica de una partícula es asignada por los quarks, que son elementos aún más pequeños o más "fundamentales", y que tienen su propia masa y carga, y es según se combinen (hay diferentes tipos), forman las partículas sub atómicas (protones, por ejemplo), estos quarks son el siguiente nivel inferior en la estructura de las cosas (segundo escalón), pero ¿qué les asigna su masa y carga a los quarks?, ¿es si quiera algo observable?, los quarks nunca se han observado, incluso fueron deducidos por lógica, pero como por alguna extraña razón no existen de manera aislada, no se tienen una certeza definitiva de su existencia, aunque en el mundo científico, se hayan empezado a manejar como algo innegable, pues "explican muchas cosas" y "su existencia tiene una gran lógica".

A lo largo de este segundo nivel inferior, la ciencia ha encontrado un sin números de trabas, y ha generado lo que más odia, un sin número se conceptos abstractos, y sin definición, cosas casi religiosas, que no han podido explicar, como el color o el espín que son supuestas propiedades intrínsecas de los quarks, es decir sabemos qué existen porque su existencia explicaría el por qué suceden ciertas cosas, pero no tenemos una evidencia real de su existencia, o una explicación de que son y porque son de esa manera. En resumidas cuentas, hasta el día de hoy, aceptamos su existencia más por una especie de fe lógica, que por evidencia científica.

Es como cuando Newton encontró la fuerza de gravedad, observo que era algo físico, hasta encontró ciertas propiedades de la gravedad, pero no explico que era y por qué existía, hasta que años después, llego Einstein a complementar su teoría, contestando algunas dudas, y encontrando nuevas preguntas.

¿Que no es así como se ha ido definiendo toda la ciencia?, con una fe-lógica, que motiva el intelecto, y nos lleva a desarrollarnos hasta el punto de poder comprender mejor el universo.

¿Podríamos definir una base de la realidad física, sin ni siquiera poder entender del todo que son las fuerzas elementales, que es la masa, o que es la energía?

Tal vez no podemos tener aun una certeza, pero podemos tener una bella idea lógica, como la tuvo Newton con la gravedad.

En este rubro de las bellas ideas lógicas, que explican la realidad física (materia), es que encontramos el campo y los bosones de Higgs, que forman parte de la más famosa teoría de Peter Higgs. Esta teoría, en resumidas cuentas y de manera práctica, nos dice que existe un campo lleno de "bosones" que rodea todo el manto espacial (como si todo estuviera bajo el mar, solo que, en lugar de agua, están los bosones), las partículas al pasar por este manto sufrirían una especie de "fricción", ocasionada al rozar con los bosones, misma, que ocasionaría que se ralentizaran.

Una manera de verlo, es como si la partícula observada fuera una estrella de rock, y los bosones de Higgs fueran groupies; dependiendo que tan popular es la estrella de rock (partícula), es la cantidad de groupies que se le quieren detener para pedirle autógrafos, haciéndolo más lento, frenándolo y dándole masa.

Como podemos deducir, esto no lo explica todo, y abriría nuevas dudas, sin mencionar que aun estaría la tarea de demostrar de manera definitiva y experimental, que este campo y estos bosones, existen.

Al final es para mí, sumamente importante destacar, que los científicos, siguen intuyendo, indudablemente, sobre la importancia que juega la velocidad, y el movimiento en nuestra realidad, tanto a escala macroscópica, como microscópica.

A mi parecer, la mayor relación existente entre la mecánica clásica, la relatividad y la mecánica cuántica; es que todas hablan de la velocidad, y el movimiento. Incluso creo que la teoría M, podría tener su M por movimiento, y no por Membrana o Misterio, cómo se hay echo popular gracias al libro, "el universo elegante".

Capítulo 8

"El movimiento"

Se dice que Sir Isaac Newton, era tan erudito, y su genialidad era tan inmensa, que cuando descubrió que no existían las matemáticas necesarias para describir sus ideas sobre la gravedad y el movimiento, pues simplemente las invento.

Su descubrimiento más sobresaliente en este sentido matemático, fue el cálculo infinitesimal (derivadas e integrales); para no meternos en un lio sumamente técnico, (aunque no deberíamos sufrir por este nivel técnico, estos conceptos son parte de la educación básica, en la mayoría de los países) hablaré de una manera más superficial para describir el siguiente ejercicio mental.

Una derivada no es más que la variación que sufre una variable (la distancia, por ejemplo) que está en función de otra (el tiempo), cuando el cambio de esta segunda variable es tan pequeñito, que es infinitésimo, lo más cercano a cero, sin ser cero, por así decirlo. Cuando decimos que una variable está en función de otra, queremos decir (retomando el ejemplo) que la distancia o posición, dependerá del momento en que se mide, es decir del tiempo.

Cuando hablamos de la derivada de la distancia en función del tiempo, hablamos de velocidad instantánea. Cuando hablamos de la derivada de la velocidad, hablamos de aceleración. Cuando hablamos de la derivada de la aceleración, hablamos de la sobre aceleración o tirón (jerk), ¿hasta qué punto podríamos seguir derivando?, ¿qué es la derivada del jerk?, ¿y la derivada de eso?

Hasta ahora hemos hablado de velocidades, pero la velocidad también sufre una variación, la variación de la velocidad en dos instantes de tiempos distintos (momentos), se le llama aceleración, al igual que la velocidad, la aceleración fue algo que también cautivo a Newton y Einstein.

En primera instancia Newton descubrió que la gravedad describía una aceleración de caída en todos los cuerpos, es decir que, todos los cuerpos en caída libre, caen acelerando, por lo cual su velocidad al caer al suelo estaba directamente relacionada a la altura a la cual se dejaran caer, entre más alto este un objeto al dejarse caer, este llega al suelo con una velocidad mayor.

Fue Galileo Galilei, quien descubrió, con gran maestría y genialidad, que todos los objetos al dejarse caer de la misma altura, en un ambiente de vacío, en ausencia de la fricción del aire, estos independientemente de su tamaño o masa, caerían al mismo tiempo, pues la aceleración a las que caen es la misma.

Albert Einstein, durante su investigación sobre la gravedad, postulo lo que conocemos como el principio de equivalencia, en el cual postulaba que la aceleración era equivalente a la gravedad y que la gravedad era equivalente a la aceleración. Una metáfora conocida para entender este principio es que, si estuviéramos en la tierra parados, o dentro de una nave espacial, acelerando de manera vertical a una aceleración constante equivalente a la gravedad terrestre, no podríamos notar la diferencia, pues ambas nos permitirían estar parados con la misma comodidad, pues en ambos casos sufriríamos la misma percepción de empuje hacia el suelo.

La mente brillante de Einstein, le permitió imaginar, un manto elástico tridimensional, parecido a una membrana de goma, formada del mismísimo espacio-tiempo, y la materia al estar en ella, curvaría este manto, para entender mejor este concepto, podríamos visualizar, la malla de un trampolín, cuando un objeto pesado, por ejemplo una bola de boliche, se coloca sobre ella, la malla se estira y se curva, si sobre esta malla curvada por la bola de boliche, colocáramos un objeto de masa menor, como por ejemplo, una bola de billar, esta también curvaría la malla pero en un menor grado, como la curva de la bola de boliche es mucho mayor, provocaría que la bola de billar gire hacia ella. Esto es lo que para Einstein era la gravedad, una curvatura del espacio/tiempo, provocada por la masa de un cuerpo.

Pero, ¿la aceleración/gravedad también es relativa al observador?, ¿de qué manera?, ¿hay una aceleración máxima, tal como hay una velocidad máxima? (la de la luz). Posiblemente está pregunta nos lleve intuitivamente a la existencia de los hoyos negros, en donde la gravedad (aceleración) es máxima, y curva tanto el espacio-tiempo que incluso podríamos decir que se rompe, he ahí el nombre de hoyo, y como de su gravedad no escapa nada, ni la luz, pues, por eso lo de negro.

A mi entender, si la gravedad y la aceleración son equivalentes, y la gravedad depende de la masa de un objeto, entonces, la aceleración tiene una íntima relación con la masa, y así lo describió Newton, incluso antes que Einstein, al decir, que la fuerza de gravedad, dependía de la masa de un objeto y de la aceleración con la que se movía (segunda ley de Newton). Incluso Newton, fue más allá, él dijo que no únicamente la gravedad, sino que, todas las fuerzas, dependían de la masa y de la aceleración. ¿Todas?, ¿incluidas las 4 fuerzas fundamentales?

La masa tiene una equivalencia de energía, la masa depende de la energía y de la velocidad, pero también depende de la fuerza y la aceleración. Si aceleración es la derivada de la velocidad, ¿será que $E=mc^2$ es la equivalencia Einstein de la $F=ma$ de Newton?

¿Hay alguna equivalencia entre fuerza y energía?

Si la aceleración de un cuerpo genera una fuerza, o, mejor dicho, una fuerza genera una aceleración en un cuerpo, ¿qué tipo de interacción genera un jerk?

Como podemos confirmar, prácticamente todo en el mundo físico, en la realidad física, depende del movimiento, y el movimiento es completamente relativo según el observador. Si la realidad es solo movimiento, ¿que lo puso en marcha?, y si en el inicio no había nada, entonces ¿no había un observador?

nombre de hoyo, y como de su gravedad no escapa nada, ni la luz, pues, por eso lo de negro.

A mi entender, si la gravedad y la aceleración son equivalentes, y la gravedad depende de la masa de un objeto, entonces, la aceleración tiene una íntima relación con la masa, y así lo describió Newton, incluso antes que Einstein, al decir, que la fuerza de gravedad, dependía de la masa de un objeto y de la aceleración con la que se movía (segunda ley de Newton). Incluso Newton, fue más allá, él dijo que no únicamente la gravedad, sino que, todas las fuerzas, dependían de la masa y de la aceleración. ¿Todas?, ¿incluidas las 4 fuerzas fundamentales?

La masa tiene una equivalencia de energía, la masa depende de la energía y de la velocidad, pero también depende de la fuerza y la aceleración. Si aceleración es la derivada de la velocidad, ¿será que $E=mc^2$ es la equivalencia Einstein de la $F=ma$ de Newton?

¿Hay alguna equivalencia entre fuerza y energía?

Si la aceleración de un cuerpo genera una fuerza, o, mejor dicho, una fuerza genera una aceleración en un cuerpo, ¿qué tipo de interacción genera un jerk?

Como podemos confirmar, prácticamente todo en el mundo físico, en la realidad física, depende del movimiento, y el movimiento es completamente relativo según el observador. Si la realidad es solo movimiento, ¿que lo puso en marcha?, y si en el inicio no había nada, entonces ¿no había un observador?

Capítulo 9

"8311: El teorema de Bell"

John Stewart Bell fue un gran físico que se hizo famoso por el planteamiento del que personalmente considero, el teorema mas profundamente bello de la historia.

Primero lo primero...

Niels Henrik David Bohr, un gran científico, y amante de la física cuántica, nos pediría que imagináramos lo siguiente:

Imaginen dos partículas en forma de monedas, estas monedas/partículas tienen la particularidad de que comparten un mismo fenómeno, cuando una esta mostrando cara, la otra muestra cruz, por lo cual al girar una, la otra también lo hace y de tal forma que mantiene siempre la cara opuesta. Es decir que cuando se lanzan, siempre caen con las caras contrarias una a la otra. Ahora imaginemos que lanzamos esas monedas en direcciones diferente por el espacio, para que cada una caiga en un planeta diferente, cada planeta estaría separados por años luz de distancia, y aun así al caer... una mostraría cara, y la otra mostraría cruz.

A este efecto en el mundo de la física cuántica se le conoce como entrelazamiento cuántico, y los mas particular de todo, es que este fenómeno de entrelazamiento, supera la velocidad de la luz, mostrando indicios de instantaneidad, es decir que, si las monedas estuvieran conectadas, o comunicándose de alguna forma, tendrían que hacerlo al instante. Esto significa que la información de una de ellas se compartiría a la otra de manera instantánea, sin retardo alguno y sin importar la distancia.

Albert Einstein, que no creía en este fenómeno, al que llamaba, efecto fantasmagórico a distancia, lo planteo de manera distinta, él decía que las partículas no eran como las monedas que mencionamos, si no como un simple juego de magia, donde existían dos cajas y un par de guantes, es decir, un guante izquierdo y uno derecho, que el mago ponía un guante en cada una de las cajas, tan rápido que o no nos enterábamos sobre que guante había metido en cada caja, por lo cual, al separar estas cajas, y ser enviadas a diferentes planetas, en una encontraríamos que tiene un guante izquierdo y por defecto, la otra el derecho, porque siempre fue así, es decir que no había un fenómeno de entrelazamiento, sino que ya estaba predefinido que guante estaba en cada caja, incluso antes de abrirlas y averiguarlo.

Es decir:

1. Las propiedades de un sistema físico existen independientemente de cualquier medición – existe una realidad "de verdad".

2. Los cambios en un sistema físico no pueden propagarse instantáneamente a otros lugares del Universo – esa realidad es "local".

Bell, entendió la importancia que tenia ambos planteamientos, y sus posibilidades, incluso el impacto filosófico que conllevaba cada planteamiento, por lo cual decidió trabajar en desarrollar un método de comprobación, para saber cuál de estos fenómenos era el correcto.

Hasta la fecha se han realizado varios experimentos exitosos, basados en los escritos de Bell, concluyendo que: "O bien no existe una realidad objetiva (una realidad completamente verdadera), o bien la realidad no es local, o ninguna de las dos cosas."

Para mí, en lo muy personal, y de manera más filosófica que científica, significaría que no podemos alcanzar la realidad absoluta, debido a que existen variables que están completamente fuera de nuestro entendimiento actual, y sin duda, tanto, lo que entendemos por real, así como nuestra definición del concepto de realidad, pueden estar mal planteados o incompletos.

Esto nos dejaría, "Un mundo de cosas fantásticas por entender y descubrir"

Capítulo 10

"La Naturaleza del Observador"

Es realmente interesante tratar de definir que es un observador, pues no necesariamente se necesita una conciencia humana para que algo sea definido como observador, en realidad, cualquier punto de referencia se convierte según cierto contexto, en un observador. Por ejemplo, un sensor de temperatura conectado a una máquina, no tiene una conciencia humana, pero está observando la temperatura. Incluso podríamos decir que el núcleo de un átomo es un observador de electrones, en cierto sentido.

En física se suele definir observador como cualquier "ente", real o hipotético, capaz de realizar una medición de un sistema observado.

Si todo es relativo según el punto de vista del observador, ¿toda la realidad es relativa?, volvemos a una de las preguntas del primer capítulo, ¿existe una realidad común?...

La velocidad de la luz no es relativa, es absoluta, y no depende del observador.

Así como la velocidad de la luz, existen muchas constantes que no dependen del observador, porque son parte de la estructura de la realidad misma, y el observador no es ajeno a la realidad, sino que es parte de ella, aunque tal vez, si fuéramos "entes" de otra realidad, estas constantes, ya no serían tan constantes.

Aquí, las constantes de la realidad, podrían estar avisándonos de otras realidades, realidades donde son diferentes, donde estas constantes tienen un valor distinto.

Si el observador es parte de la realidad, podríamos hablar de una realidad auto-observable, definiendo al observador, como el medio por el cual la realidad, se da realidad a sí misma.

El observador podría ser incluso, parte de un sistema de auto control, del universo, es decir, todo el universo funciona debido a interacciones, las interacciones son lecturas que causan respuestas, cualquier cosa del universo está observando otra, en espera de una lectura que la haga actuar.

Una referencia de la vida diaria podría ser, por ejemplo, un aire acondicionado, que se encuentra en estado de reposo, hasta que la lectura de temperatura observada o detectada, llega a un punto, donde se enciende y actúa. Este sistema de control de lazo cerrado podría ser similar al comportamiento general del universo a cualquier escala, lo cual daría causa a el nivel de simetría que tiene, o que creemos tiene, la realidad. En palabras más claras, la realidad tiene simetría, porque es redundante.

Es difícil para mí, tomar el tema de los observadores, y no hablar del experimento de la doble rejilla, este experimento fue diseñado, para demostrar la naturaleza dual de la luz, la cual según lo predicho y lo experimentado, esta podía comportarse de dos maneras, como si fuese una onda, o como si fuese una partícula. Ha este efecto se le conoce como, Dualidad Onda-Partícula.

Con este experimento se llegó a una conclusión más filosófica que física, pues los resultados mostraban que el comportamiento original del tipo onda, cambiaba al de partícula, cuando se quiso observar de cerca a las ondas/partículas, de manera individual. Descubriendo que el observador afectaba al sistema, y creando la siguiente interrogante, ¿es posible observar un sistema sin afectarlo o sin que nos afecte?, creo que al final del día, observar significa interactuar.

Decir que las partículas interactúan entre ellas, es lo mismo que decir que se observan la una a la otra. En la observación hay interacción, y en la interacción hay alteración, por ejemplo, nosotros podemos usar la vista para observar, pero lo que estamos haciendo, es interactuar con la luz a través de nuestro nervio óptico, el cual transforma la luz incidente, en información eléctrica, para poder ser procesada en nuestro cerebro; aquí la clave es que para observar hay que dejar incidir la luz en nuestros ojos, alterando el sistema, pues ya "lo tocamos".

El concepto es muy confuso, pues es como decir que el observador crea la realidad y la realidad crea al observador, ambas cosas al mismo tiempo. Esto me hace recordar a la definición final que le asignamos al concepto de tiempo.

Parece ser que la simetría es asignada a la realidad como resultado de una correspondencia, es decir para que un observador "A" exista, debe de existir un observador "B" secundario que lo observe, pero para que exista el observador "B" debe de;

(1) ser correspondido en observación por "A", o

(2) ser observado por un tercer observador "C" (el cual requeriría a un cuarto observador), o bien

(3) ser correspondido por el observador "A", y ser observado por un tercer observador "C" creando un sistema de correspondencia entre todos los observadores posibles.

Como conclusión parcial, podríamos decir que la realidad, es la suma total del conjunto de observadores existentes, y un observador es una sección particular de la realidad.

Si a un observador, lo aislamos del resto, es decir lo aislamos de la realidad; no observaría nada, y nada lo observaría a él. Bajo esta condición ¿el observador existe?

Capítulo 11

"La Fuente de la Vida"

En la actualidad se cree que la forma de vida más básica, simple y pequeña, son los microbios, los microbios son organismos unicelulares, y ultra pequeños. En la tierra hay millones, y se encuentran en cualquier parte del planeta. Estos microorganismos unicelulares y los seres humanos, tienen una pequeña diferencia, la cual radica en la complejidad de su estructura biológica.

La complejidad, es lo que va ganando la "vida" con el paso del tiempo, a través del proceso que conocemos como evolución.

Es interesante mencionar que organismos biológicos tan complejos como el hombre, se forman desde una sola célula (el cigoto), y crece hasta convertirse en un feto, como si se simulara millones de años de evolución, en tan solo 9 meses de gestación.

Pero elijamos el camino largo, el de millones de años, y hagamos una regresión a la primera célula, y reflexionemos sobre cómo se formó, la teoría más aceptada en la actualidad, es la del caldo primigenio o primordial, basada en la hipótesis del origen de la vida de Aleksandr Oparin y llevada a experimentación por Stanley Miller y Harold Urey. En esta se menciona que, al existir ciertas moléculas, las cuales eran comunes en esos tiempo, dentro de un estanque de agua sumamente caliente y en presencia de ciertas fuentes externas de energía, como la eléctrica, rayos UV, etc,. Hubo un proceso de trasformación, que convirtió estas moléculas comunes a moléculas más complejas, como las proteínas, ácidos nucleicos, etc., mismas que son la base de la vida.

Algo que no debería de ser necesario, pero que para evitar confusiones de términos me gustaría mencionar, es lo siguiente; las partículas fundamentales, se conjuntan para formar átomos, como el de hidrogeno, los átomos se conjuntan, para formar moléculas, y en cuanto a moléculas, podemos decir que hay muchas y de muchos tipos, pero, las que forman a los seres vivos se llaman, biomoléculas, este tipo de moléculas a su vez se catalogan o dividen en dos categorías; orgánicas e inorgánicas, su diferencia es que las orgánicas, usan como base átomos de carbono.

Las biomoléculas orgánicas principales, son los carbohidratos, lípidos, proteínas, vitaminas y ácidos nucleicos. Los más interesantes de este grupo son los ácidos nucleicos, y existen dos tipos ADN y ARN.

El ADN es el encargado de almacenar la información genética y el ARN es el encargado de transmitir esta información. Aquí empieza la mayor maravilla de la biología, donde se hace visible, la forma lógica en la que trabaja el universo. El ADN almacena un código que es usado por los ribosomas para crear proteínas, que son los bloques de la vida.

Los genes son como líneas de código (código genético), compuestas por bytes biológicos llamados nucleótidos, estos bytes están formados por una cadena de 3 bits, los primeros 2 bits son constantes, una molécula de fosfato y una molécula de azúcar, y hay un tercer bit que es del orden de 4^n, en lugar de un bit informático que es del orden de 2^n, a este bit se le llama molécula de codificación y puede contener uno de estos valores posibles; adenina, guanina, citosina o timidina, serían los estados equivalente al 0 y 1 del bit informático común. Estos bytes se almacenan en pareja dentro del ADN, es decir que al ADN está formado por una doble cadena de bytes, por un lado, los bytes maestros (información), y por el otro, bytes esclavos (posiciones de memoria), por lo que podemos deducir que el ADN sería una especie de memoria biológica.

El código genético, es leído desde el ADN por un compilador, que en el mundo de la biología se llama ARNP, este lee la memoria (la hélice del ADN) y separa la doble cadena de bytes, para aislar la cadena de bytes maestros que tiene la información y poder trabajar con ella. El ARNP toma el ultimo bit (el variable), de cada uno de los bytes, y los interpreta en conjunto de 3 (Codon), cuando encuentra una combinación particular (de inicio) de estos 3 bits, lo toma como bandera de inicio e interpreta que debe de iniciar el proceso de crear una copia de la información que va procesando, esto es así hasta que encuentra otro conjunto de 3 bits (de cierre), cuya combinación le indicaría el fin de este proceso de duplicado o copia, creando con esto, paquetes de datos (ARNm) que pueden ser enviados e interpretados por la impresora de proteínas (Ribosoma).

Lo interesante aquí, no está en pensar sobre cómo se formó la vida físicamente, pues en lo personal, la idea que me inunda la mente cuando pienso en el tema, es; ¿cómo es que la realidad adquirió lógica?, ¿cómo fue que el conjunto de variables y constantes que dan estructura al universo, acabo adquiriendo sentido lógico?, y si es que la realidad diseñó la máquina lógica de la vida, ¿tiene inteligencia la realidad?, o, mejor dicho, ¿de dónde salió la información almacenada en el ADN y el diseño de la maquina lógica que la interpreta?

Capítulo 12

"La Máquina Universal"

La máquina de Turing, es más un concepto abstracto, lógico y matemático, que una maquina física en sí, y este consiste en un dispositivo reconocedor de lenguajes. Sus componentes esenciales son; una cinta (un medio de información), un cabezal de lectura/escritura (un observador), y una unidad de control lógico que haga la función de transición (algoritmo). Básicamente el funcionamiento es el siguiente; la cinta está dividida en unidades (cuadros), cada unidad puede tener una variedad de valores, podemos decir que la cinta describe una variable, y cada unidad (cuadro) tiene un valor posible para esa variable, estos valores son leídos una unidad a la vez por el cabezal, el cual, según la función de transición con la que fue programado, puede o no modificar el valor leído en la cinta, creando con esto una salida deseada en base a una entrada dada.

Incluso se ha demostrado, que de todo programa computacional (software), se puede hacer una maquina Turing equivalente, hay incluso aficionados a las teorías de Turing, quienes han construido maquinas totalmente mecánicas, y fabricadas únicamente con componentes de madera, las cuales pueden interpretar y actuar en función de cierto algoritmo. La forma en la que trabaja el mecanismo que les da su forma a los seres vivos, o sus bases (proteínas), es sumamente similar a cómo funciona una máquina de Turing, pues el ribosoma funcionaria de cabezal y el ARN funcionaria como la cinta de lectura, ¿somos los seres vivos una variación de la máquina de Turing que ha tomado complejidad?

Incluso, reflexionando un poco, y con mucha imaginación, podríamos pensar en la posibilidad de que esta sea la forma en la que funciona todo el universo, pues, si la realidad se compone de un conjunto de observadores (cabezal) y la forma en la que se comunican/interaccionan entre si al observarse (cinta), ¿es posible un algoritmo que lo represente todo?, ¿la teoría de todo, tendrá relación con esta idea del algoritmo/función que lo representa todo?

Alan Turing, se preguntaba si una "maquina", podría ser capaz de pensar (tener raciocinio), y eso lo llevo a realizar el trabajo que se convertiría en su concepto final de "la máquina de Turing". Si consideramos que la inteligencia o la acción de pensar, es en esencia, resolver algoritmos, pues entonces, su máquina lo podía hacer, pero, de una manera limitada, pues, ¿podría una maquina resolver cualquier función matemática?, es decir, ¿podría una maquina computar cualquier algoritmo?, Alan Turing, descubrió que no, esto es lo que se conoce como "el problema de la parada", pues siguiendo los escritos de Kurt Gödel sobre el teorema de incompletitud, llego a la idea de que podría demostrarlo, si diseñaba una maquina lógica universal.

Básicamente, la demostración del problema de la parada (espero no crear un disgusto mental), es diseñar un programa "X" que muestre un 1(por ejemplo), si el programa "Y", tras una entrada cualquiera, llega a un resultado lógico, tras una cantidad de pasos finito, es decir PARA, o que el programa "X", muestre un 0, si el programa "Y", entra en una cantidad de pasos infinitos, tratando de buscar dicho resultando, creando un bucle sin fin, es decir que, NO PARA. Esto es una paradoja lógica, el programa "X", no es posible, pues no es posible saber si va a parar o no el programa "Y" en algún momento.

Creo que podríamos mencionar dos puntos clave a los que hemos llegado, (1) la base de la realidad física, podría ser información, pues el movimiento es cambio de posición, y la posición instantánea es un dato de lectura para los observadores, y (2) podríamos nunca conocer una verdad absoluta, pues podría existir un límite para la razón, limitando lo que podríamos entender de la realidad, o en su caso, limitando la realidad, porque el trasfondo de la realidad absoluta, es la razón.

Lo que mi espíritu rebelde me pide preguntar, es sobre algo más allá del sentido filosófico clásico; si tomamos de analogía el mundo de la tecnología y la computación, podríamos notar que, desde un código superior, es decir, desde un ambiente de nivel usuario, se puede lograr hackear el código de nivel firmware (el cargado en la estructura electrónica de un computador), o incluso, el de otros computadores conectados a una misma red, entonces ¿podríamos hackear la realidad?, ¿para esto ocuparíamos ser usuarios del computador?

¿Somos los usuarios del software o somos parte del código?

Capítulo 13

"Códigos y Patrones"

Cuando decimos que algo es repetitivo, recurrente, o cíclico; lo decimos por que muestra un patrón. Un patrón es todo aquello que muestra una repetición predecible o calculable. Veamos algunos ejemplos:

- En el arte o la ornamentación, se puede ver una serie de imágenes que se repiten, después de observar el azulejo de un muro, por ejemplo, podemos predecir a que altura va a parecer cierta figura, cierta línea, color, etc., esto sería un patrón visual. (el arte se basa en gran parte en el uso de patrones de color y forma)

- Cuando dejamos mal cerrada alguna llave de agua, o la regadera, notaremos el sonido que hacen las gotas al caer, después de escucharlas durante unos segundos, podremos notar, que siguen un cierto ritmo, a esto se le conoce como un patrón audible. (la música se basa en el uso de patrones)

- Cuando vemos una serie de números por ejemplo la serie del 2 (2,4,6,8,10...), notamos que sigue un patrón numérico, por lo general a los patrones cuantitativos se le llaman, series numéricas, una de las más conocida, es la serie de Fibonacci. (las matemáticas son considerada, la madre de la búsqueda y análisis de los patrones)

Todas las ciencias se fundamentan en la matemáticas, debido a que todas las ciencias humanas, tratan de la búsqueda y análisis de patrones, incluso el método científico es una forma de análisis de patrones, por ejemplo cuando se va a realizar un experimento, y se hace una predicción de lo que va a ocurrir, decimos que hemos encontrado la relación entre los sucesos y hacemos una predicción o hipótesis del comportamiento y resultados, esto es una forma de decir que creemos saber cuál es el patrón de comportamiento del experimento a realizar, y al llevar a cabo el experimento veremos si coincide lo que hemos predicho; de no coincidir el resultado del experimento, con el resultado predicho, quiere decir que la hipótesis no es correcta, o bien el patrón que notamos, no existía como tal.

Siguiendo esta línea de pensamiento lógico, si las ciencias del hombre son correctas, todo en la realidad sigue algún patrón.

Cuando hablamos de códigos, hablamos sobre las normas de interacción; por ejemplo, en comunicación, un mensaje es codificado, enviado y luego decodificado para ser entendido. Me veo en la necesidad de ser un poco más claro. Todos los idiomas son códigos orales y escritos, que permiten la comunicación entre las personas, lo que estamos codificando, es la información que queremos compartir.

A su vez el código matemático, habla de funciones y de criptografía, es decir de la forma en la que la información se convierte en código, y de la forma en la que el código regresa nuevamente a ser información, es decir que estudia los patrones de codificación y decodificación.

Regresemos al tema de los observadores y la máquina de Turing... la máquina de Turing hablaba de un observador el cual recibía una información de la cinta y según un código establecido, regresaba esa información a la cinta. Es decir que los observadores actúan entre ellos o entre ellos y la realidad, según un código, y es por eso que todo en la naturaleza muestra patrones.

Suponiendo que estas definiciones son correctas, me atrevo a confirmar que la realidad está estructurada como, información, códigos, y patrones, por lo cual la realidad podría ser más informática, que física. Entendiendo por Informática, como el conjunto de información y automatismo, y por realidad informática, como una realidad basada en información y el proceso sistematizado con la que esta trabaja.

Incluso hay una teoría formal que habla (en parte) de esto, la "cosmología fractal", de la cual no daré una información detallada, pero la expongo, para aquel valiente lector, que se quiera aventurar en el tema.

Para cerrar este capítulo, me gustaría hacerte reflexionar sobre lo siguiente; considerando que la maquina universal de Turing tiene un límite lógico (problema de la parada), al igual que la matemáticas mismas (teoremas de incompletitud de Kurt Gödel), ¿Es posible que algún día podamos decodificar la realidad?

Si todo es información, y el universo, es un universo informático, ¿en dónde caería la existencia del ser, para una inteligencia artificial?, ¿podríamos ser nosotros, inteligencias artificiales existiendo en una realidad virtual?, ¿qué tan virtual es nuestra realidad?

Capítulo 14

"Realidad, Virtualidad y Persistencia"

"La Realidad es simplemente una ilusión, aunque una muy persistente"

-Albert Einstein

Virtualidad; algo es virtual cuando es artificial, cuando es una simulación o bien, una réplica ilusoria de la realidad, hablar de virtualidad, es hablar de ilusión.

Hablar de ilusiones, es hablar de percibir cosas que no son realmente, tal y como creemos, o dicho de mejor manera, percibir erróneamente; para esto, algo debería "ser totalmente real", para poder tener una forma correcta de ser percibido.

Nada es verdad, si todo es mentira, pero, no hay mentira, si no existe la verdad.

La persistencia, es la acción de permanecer, es decir, mantenerse, por un periodo largo de tiempo. La repetición constante, e insistente, conlleva persistencia.

La ilusión constante, la más insistente, es la que crea la realidad, pero en el trasfondo, todo es ilusión. Permanecer, es lo que forma a la realidad, si una variable, variará casi a la velocidad de la luz, todo el tiempo, sin permanecer nunca en un valor, la variable no tendría sentido, es hasta que se toma una lectura, y vemos el valor instantáneo de la variable, cuando esta adquiere sentido. La ilusión es una digitalización parcial de la realidad. Nuestra realidad es una recreación parcial de lo que es real. Si pudiéramos elegir el valor a leer en la variable y elegir cuando leer esa variable, para que arroje ese valor, la digitalización estaría bajo nuestra elección. La ilusión y su persistencia, estaría bajo nuestro control, pero no significaría que sabemos cómo es la realidad absoluta.

El manipular la ilusión, no te permite llegar a lo real.

Todo es mentira, hasta que se convierte en verdad. Todo es ilusión, hasta que se convierte en realidad. ¿Hay una realidad sin ilusiones?, ¿existe la realidad absoluta de dónde toda ilusión parte?, ¿La realidad común y la realidad verdadera son la misma?

Creo que para esa última pregunta tendríamos que hablar, de un tema muy particular, y de mucho interés en todas las culturas, me refiero a..."la magia y los magos".

Capítulo 15

"Los Magos"

La mayoría de las culturas antiguas e incluso, algunas "más modernas", mantuvieron/mantienen la creencia en ciertas cosas que tienen una naturaleza aparente de imposibilidad (sobrenaturales), eventos increíbles, personas con poderes especiales; como cambiar de forma, volar, aparecer, desaparecer, leer la mente, entre muchas cosas. En la gran mayoría de estos casos, según nos marca la historia científica, se han tratado indudablemente de engaños ópticos y psicológicos, realizados con la aplicación de una rama muy antigua de la ingeniería, la cual nunca se le ha asignado un nombre oficial.

La magia y los magos, tienen una gran relación con la ingeniería moderna, pues usan con gran ingenio, los conocimientos científicos, para "engañar" a cierto público. Desde los chamanes, que usaban hechicería, pasando por los antiguos magos chinos, los falsos alquimistas medievales y muchos otros, hasta llegar a la actualidad, a los magos de las vegas, los productores de efectos especiales, los falsos mesías de sectas, los coordinadores de campañas de marketing, incluso hasta ciertos demagogos políticos. Todos usan el conocimiento científico para crear una ilusión fantástica, para adornar o alterar la realidad.

Imaginemos el siguiente caso hipotético:

Un gran y reconocido mago de las vegas, llega a una aldea indígena, con una población de 20 personas o menos, esta aldea, no ha sido tocada por la modernidad, ni por el pensamiento crítico moderno. Aquí, el mago, haciendo uso de las habilidades de su profesión, podría hacerles creer a las personas, que puede leer la mente, que él no es humano pues puede levitar, o desaparecer y aparecer, donde y cuando le plazca. Este hombre no tardaría en ganarse la credibilidad de las personas, en hacerse dueño de su realidad, a tal grado que podría incluso cambiar y alterar su actual realidad común, convenciéndoles, que cuando la Luna no está, es porque se desintegra, y cuando vuelve aparecer, es porqué vuelve a integrarse, o que el Sol se apaga y luego se enciende.

Así como hoy creemos en cosas como la relatividad, en los límites para velocidad, y en agujeros negros, en el fondo, en lo que creemos es en un grupo de expertos y especialistas en ciencias y en una aparente evidencia científica, a veces incluso, sin llegar a cuestionarnos sobre su veracidad, olvidando que la ciencia trata de la exactitud de repetición de los experimentos, y de la precisión de los diagnósticos o predicciones. De igual manera, la gente de esta población hipotética (indígenas) creen en su mago y en lo que ven; aunque la diferencia cultural, suena enorme, las sociedades más modernas y educadas, tienen sus propios magos y creen en su propia clase de "magia", sin mucho cuestionamiento.

La verdadera ciencia, en su base, trata, de desmentir el engaño, pues su meta no es sólo creer, sino entender. No se queda con el mago y su levitación, si no lo estudia y trata de entender el cómo y él porque es que sucede la magia, que es lo que hace para poder levitar.

Ingenuidad científica; en el mundo científico, un grupo mayoritario piensa que algún día se podrá entender todo, que la verdad absoluta, que la verdadera realidad quedará expuesta. Esto, es como pensar que la ciencia es la magia con la que se vence al mago, olvidando que, al convertir la ciencia en magia, se convierten en una nueva clase de mago.

La verdad, es la utopía del mundo de la ciencia, y va más allá de descubrir una falsedad. No por saber que se miente, se revela la verdad.

Cómo comentario final a este capítulo, y como contestación a la última pregunta del capítulo anterior, podríamos decir que la realidad común, no es necesariamente, la realidad verdadera, pues el hecho de que la mayoría viva la misma mentira, está no deja de ser tal cosa.

La realidad base, de la que toda ilusión parte, de existir, no sería necesariamente, igual a la realidad común predominante. Incluso, podría llegar a ser, algo completamente desconocido para el hombre.

Capítulo 16

"Entropía; el orden y el caos"

Cuando se habla de entropía, se habla de niveles de desorden, sobre la tendencia que tienen las cosas a desorganizarse u organizarse. Esto debido a que la realidad/universo muestra un "interés" por el equilibrio.

Al igual que las plantas buscan el sol para crecer, y crecen en dirección a la fuente de luz más cercana, para mejorar sus posibilidades de vida. La energía, "evalúa" todos los estados de un sistema (cualquier sistema que se estudie), en busca de la mejor manera de expandirse/dispersarse y actúa de acuerdo a este "interés" de expansión.

Si mezclamos agua fría con agua caliente, lo que sucede, no es que una enfríe o caliente a la otra, sino que el nivel de energía de las dos busca el equilibrio. Imaginemos que tenemos un montón de canicas en un envase cerrado, todas están amontonadas, unas sobre otras, si rompemos el envase dentro de otro más grande, las canicas buscaran acomodarse de una manera tal que no estén amontonadas una sobre otra, aunque esto sucede por efecto de la gravedad, sirve de ejemplo, pues en cuestiones térmicas y energéticas sucede algo muy similar.

Ahora imagina las partículas de un gas dentro de un tanque presurizado, todas están amontonadas y apretadas, tratando de salir del tanque, generando presión hacia todas las paredes, cuando el gas es transferido a un tanque más grande, las partículas tienen más espacio, por lo cual generan menos presión, ya que pueden estar más separadas y libres. Esto mismo sucede con la energía, esa es su necesidad natural. Estar relajada, disuelta o expandida lo más posible en el espacio, a lo cual en física se le llama caos.

Si la materia es energía acumulada en un solo punto, significa que va en contra del comportamiento natural de la energía, que todo el tiempo busca estar en máxima expansión, ¿qué origino que, en algún momento, se rompiera este comportamiento natural de la energía, y se creara orden en el caos?

La materia, la vida, aparentemente va en contra de la entropía.

En un universo como este, donde todo tiende al caos, a un estado de equilibrio (en el cual se denota un indicio que nos trata de advertir que probablemente, al final, todo será energía disuelta por el espacio), ¿Cómo fue que se originó la materia, la vida, nosotros... el orden?

¿Sera que hay una prioridad primordial de las cosas?.

En el mundo de la ciencia, se reconoce que hay algunas fuerzas que son más grandes que otras. Por ejemplo, no importa que tan poderosa creas que es la gravedad, la gravedad es una de las fuerzas más débiles del universo.

Capítulo 17

"Los Laberintos del hombre"

El concepto de laberinto es sumamente interesante, hablamos de una entrada o inicio y un destino, meta u objetivo, así como de una serie de caminos puestos ahí para crear confusión, y alterar la facilidad con la que se puede llegar del punto de inicio al final, es decir, un laberinto es una serie de caminos y cruces que agregan complejidad al alcance de la meta a la que se busca llegar.

El laberinto más famoso, es el laberinto de Creta, diseñado por Dédalo (el héroe artesano, padre de Ícaro) para encerrar al Minotauro, el cual era una figura mitológica mitad hombre, mitad toro. Cuenta la leyenda mitológica que junto al minotauro Dédalo e Ícaro también fueron encerrados en el laberinto, pero Dédalo construyo un par de alas para él y su hijo, y fueron con estas con lo que lograron escapar.

En esta historia, el laberinto representa una prisión, de la cual es sumamente complejo escapar.

En la vida diaria, podemos llegar a reconocer muchos tipos de laberintos; laberintos donde la única salida es volver llegar a la entrada, laberintos sin una salida, donde se puede llegar a un punto deseado, donde se resguarda algo, para luego regresar a la entrada, incluso hay laberintos de múltiples salidas, laberintos dentro de laberintos, y laberintos que no lo son.

Cada vez que el hombre se hace una pregunta, se abre un nuevo laberinto del pensamiento, del cual no conocemos nada, ni siquiera el tipo de laberinto, y eso es algo de lo que no se tiene control, no podemos decidir, la complejidad, o el diseño del laberinto, pero, si podemos tener control sobre nosotros mismos, por lo cual, las únicas decisiones posibles para el ser pensante son, hacer o no hacer tal o cual pregunta, entrar o no entrar en el laberinto, y una vez adentrados en él, nuestras únicas decisiones posibles son, seguir buscando hasta alcanzar el objetivo del laberinto, o regresar.

Cada laberinto consume parte de lo que somos, y cada vez que entramos a uno, salimos como personas diferentes, y es muy posible entrar por equivocación en laberintos de los cuales, no teníamos idea de estar adentrándonos en ellos, esto es tan posible, como hacernos preguntas que no son nuestras, que no nos planteamos conscientemente.

Los peores laberintos que puedo llegar a imaginar, son los laberintos del pensamiento no pensante, los laberintos de distracción, laberintos a los que no entramos por voluntad, estos son laberintos superfluos, que nos impiden entrar a lo que personalmente considero, los laberintos correctos.

Se dice que la "verdad" se encuentra al salir del último gran laberinto, y al entrar a cada laberinto hay que tener en mente que lo que encontraremos no será lo que pensamos o deseamos, pues a veces la respuesta encontrada no es la respuesta a la pregunta planteada, pues no toda pregunta tiene una respuesta, asi como tambien hay preguntas, que son respuestas, preguntas, que no cuestionan nada, y respuestas que no son para nosotros (que no sabemos interpretar) y estas "verdades", no son fáciles de detectar y aceptar.

Es divertido seguir al conejo blanco, pero antes de entrar a un laberinto, considera si realmente deseas entrar a él, pues las mayorías de las veces, no salimos en las condiciones en las que entramos.

Capítulo 18

"Utopía"

La "utopía", es una palabra complicada, su entendimiento común, y su uso coloquial, nos hace pensar, que significa perfección, una especie de paraíso, donde todo es perfecto e ideal, pero etimológicamente, "utopía" significa, lugar que no existe.

Entonces, ¿cómo podemos definir la utopía?, creo que la mejor manera de definirla, es como una idea hipotética, como una ilusión, del mejor estado posible de algo, por lo cual, la utopía, no siempre será igual, sino que es una imagen mental evolutiva, una idea viva, una palabra cuya interpretación, va cambiando, conforme cambia nuestra percepción de la realidad.

Por ejemplo, una persona que está pasando un muy mal momento de su vida, imagina un mundo donde todo está perfecto según sus circunstancias, donde no sufre, dónde no siente los dolores que siente, este mundo seria su utopía. Conforme pasa el tiempo, la situación de esta persona va mejorando, sale de sus problemas, pero va encontrando problemas nuevos, por lo que se empieza a imaginar un mundo sin estos nuevos problemas, este nuevo mundo hipotético, es su nueva utopía. Así nos damos cuenta, que la utopía, no es estática, y la imagen mental que la representa no es única, sino depende del momento, el lugar y de la persona.

La Utopía, siempre será una ilusión hipotética, donde reflejamos las condiciones, que consideramos ideales y perfectas, pero siempre será un lugar que no existe, un lugar el cual se persigue, pero que no se alcanza, pues cuando vamos llegando a el, nos damos cuenta que ya ha cambiado.

Pero entonces, ¿para qué sirve la utopía?, ¿es algo bueno o algo malo?, ¿por qué anhelar lo que se no puede llegar a cumplir?, ¿por qué perseguir lo que no se puede alcanzar?... Porque de otra manera, dejaríamos de avanzar, dejaríamos de mejorar, dejaríamos de crecer. La utopia es el motor impulsor del hombre, pensar que algo podría ser mejor de lo que es, es los que nos impulsa a mejorar.

La curiosidad, es lo que nos lleva al nuevo conocimiento, pero la utopía, es quien nos lleva a emplearlo para el mejoramiento humano.

"La utopía está en el horizonte. Camino dos pasos, ella se aleja dos pasos y el horizonte se corre diez pasos más allá. ¿Entonces para que sirve la utopía? Para eso, sirve para avanzar."

-Eduardo Galeano

Capitulo 19

"Dios es incomprensible"

"Dios, por definición, es lo más perfecto que puede ser pensado. Si pensáramos en Dios como inexistente, entonces no sería realmente Dios, pues tendría la imperfección de no existir. Entonces, la oración 'Dios existe' es necesariamente verdadera. Por lo tanto, Dios existe".

-Kurt Gödel

"Por definición, Dios es aquello de lo cual nada mayor puede concebirse. Por tanto, es imposible concebir que Dios no existe, pues de lo contrario podríamos concebir algo mayor que él, a saber, un Dios que sí exista. Así pues, es inconcebible que Dios no exista; luego existe."

-Kurt Gödel

El concepto de Dios, es similar al de la Utopía, cuando hablamos de Utopía, generalmente hablamos de una situación o de un lugar, algo parecido a lo que en la religión católica suelen llamar "el paraíso", pero, cuando hablamos de Dios, hablamos de algo más allá, hablamos de algo más complejo, lo más complejo que podríamos llegar a imaginar, algo así como la idea de la "perfección", no hablo de un lugar perfecto, o una situación perfecta, sino sobre la perfección misma.

Al igual que la utopía, el concepto de Dios siempre está en movimiento, no es un concepto estático, depende de muchas cosas, y es relativo a las condiciones.

En este punto, tengo que aclarar que la perfección va más allá de lo humano, por que el ser humano no es perfecto, Dios no tiene características imperfectas, pues si las tuviera, no sería Dios, por lo cual Dios no es bueno, ni malo, y no tiene una línea de pensamiento lógico como la nuestra.

Dios no es comprensible, nunca entenderemos a Dios, pues, si pudiéramos comprenderlo, seriamos superiores a Dios, por lo cual Dios no sería lo más grande concebible, y por lo cual ese Dios, no sería Dios.

Creer que se comprende a Dios, es abandonar la idea, de la existencia de Dios, cuando le damos rasgos imperfectos a Dios, le quitamos el derecho de llamarse Dios. Dios es incomprensible, para cualquier ser pensante, va más allá de la lógica, la supera.

Dios existe en todas las realidades posibles, y aunque podría ser diferente en cada una, siempre, y en todas, es lo más perfecto, lo más grande, que se pueda llegar a pensar, y este concepto de Dios, lo hace indestructible, e independiente de cualquier religión.

La sociedad o el ser humano en general, podrá cambiar con él tiempo, incluso, las religiones podrían llegar a desaparecer, pero la idea de la existencia de Dios no lo hará, pues donde existe la oscuridad, también existirá la luz, donde exista lo imperfecto, también existirá la perfección, si existe lo que no es Dios, debe existir Dios.

Capitulo 20

"La realidad sensible vs. La realidad intangible: Platón"

En algún momento Alfred North White head (filósofo y matemático ingles) llego a comentar, que el pensamiento occidental, no es más que una serie de notas y comentarios de pie de página en los diálogos de Platón. Yo quisiera comentar algo muy similar, pues personalmente considero que, toda la filosofía fundamental existente hasta el momento, no es más que una serie de notas aclaratorias al pie de página en los diálogos de Platón.

Platón fue uno de los 3 grandes filósofos griegos, que dieron origen a lo que hoy llamamos filosofía, el primero fue su maestro Sócrates y el otro su discípulo, Aristóteles.

Platón, marcó un antes y un después, pues a diferencias de su maestro Sócrates, el dejo plasmadas sus ideas de manera escrita, sin mencionar, además, que tuvo contacto con los discípulos del gran matemático y filósofo, Pitágoras (los pitagóricos), mismos que (así lo considero en lo personal) le dejaron una gran influencia en su forma de ver el mundo.

Sin lugar a Duda el mayor logro de esta gran mente fue su descubrimiento del mundo de las ideas...

Para Platón había dos mundos alcanzables, dos realidades;

1. La sensible, compuesta por lo que podemos sentir, o mejor dicho creada por nuestros sentidos.
2. La intangible, compuesta por las ideas.

El mundo físico, el mundo sensible, es decir, aquella realidad que podemos percibir con nuestros sentidos, es una realidad imperfecta y falsa, es un mundo de engaños, para Platón, el mundo físico es la fantasía, pues era el mundo de la incompletitud y de la imperfección.

En cambio, el mundo intangible, el mundo de las ideas, era el mundo de la verdad. una realidad que iba más allá de la realidad física, era un mundo donde la perfección es alcanzable, es el mundo donde radica "la utopía", donde radica "Dios".

Un ejemplo común y simple, que ayuda mucho para aclarar estas diferencias entre realidades, son las matemáticas y la geometría, a través de las matemáticas podemos concebir algo tal como un circulo perfecto, pero en el mundo físico es imposible recrearlo, se puede ser sumamente preciso, pero nunca perfecto.

Por lo cual, al ser de esta manera, ambas realidades, donde solo en una puede existir la verdad absoluta, la perfección, la utopía y Dios, esta debería ser una realidad superior, una realidad mayor, a la física, por lo que llego a suponer, que la realidad física, era un engaño, era una realidad falsa.

Podríamos decir que, para Platón, el mundo físico, solo era un simulacro del mundo de las ideas, dándole al mundo de lo intangible, al cual solo se puede acceder a través de la mente, una posición superior como realidad origen, de la que parte la falsa realidad física.

De aquí parte el mito filosófico, más repetido, contado y escuchado en la historia de la filosofía, "el mito de la caverna", el cual fue expuesto en "La República":

> *--Ahora, continué, imagínate nuestra naturaleza, por lo que se refiere a la ciencia, y a la ignorancia, mediante la siguiente escena. Imagina unos hombres en una habitación subterránea en forma de caverna con una gran abertura del lado de la luz. Se encuentran en ella desde su niñez, sujetos por cadenas que les inmovilizan las piernas y el cuello, de tal manera que no pueden ni cambiar de sitio ni volver la cabeza, y no ven más que lo que está delante de ellos. La luz les viene de un fuego encendido a una cierta distancia detrás de ellos sobre una eminencia del terreno. Entre ese fuego y los prisioneros, hay un camino elevado, a lo largo del cual debes imaginar un pequeño muro semejante a las barreras que los ilusionistas levantan entre ellos y los espectadores y por encima de las cuales muestran sus prodigios.*
>
> -Ya lo veo, dijo.

--Piensa ahora que a lo largo de este muro unos hombres llevan objetos de todas clases, figuras de hombres y de animales de madera o de piedra de mil formas distintas, de manera que aparecen por encima del muro. Y naturalmente entre los hombres que pasan, unos hablan y otros no dicen nada.

-Es esta una extraña escena y unos extraños prisioneros, dijo.

--Se parecen a nosotros, respondí. Y ante todo, ¿crees que en esta situación verán otra cosa de sí mismos y de los que están a su lado que unas sombras proyectadas por la luz del fuego sobre el fondo de la caverna que está frente a ellos.

-No, puesto que se ven forzados a mantener toda su vida la cabeza inmóvil.

--¿Y no ocurre lo mismo con los objetos que pasan por detrás de ellos?

---Sin duda.

--Y si estos hombres pudiesen conversar entre sí, ¿no crees que creerían nombrar a las cosas en sí nombrando las sombras que ven pasar?

-Necesariamente.

--Y si hubiese un eco que devolviese los sonidos desde el fondo de la prisión, cada vez que hablase uno de los que pasan, ¿no creerían que oyen hablar a la sombra misma que pasa ante sus ojos?

-Sí, por Zeus, exclamó.

--En resumen, ¿estos prisioneros no atribuirán realidad más que a estas sombras?

-Es inevitable.

--Supongamos ahora que se les libre de sus cadenas y se les cure de su error; mira lo que resultaría naturalmente de la nueva situación en que vamos a colocarlos. Liberamos a uno de estos prisioneros. Le obligamos a levantarse, a volver la cabeza, a andar y a mirar hacia el lado de la luz: no podrá hacer nada de esto sin sufrir, y el deslumbramiento le impedirá distinguir los objetos cuyas sombras antes veía. Te pregunto qué podrá responder si alguien le dice que hasta entonces sólo había contemplado sombras vanas, pero que ahora, más cerca de la realidad y vuelto hacia objetos más reales, ve con más perfección; y si por último, mostrándole cada objeto a medida que pasa, se le obligase a fuerza de preguntas a decir qué es, ¿no crees que se encontrará en un apuro, y que le parecerá más verdadero lo que veía antes que lo que ahora le muestran?

-Sin duda, dijo.

--Y si se le obliga a mirar la misma luz, ¿no se le dañarían los ojos? ¿No apartará su mirada de ella para dirigirla a esas sombras que mira sin esfuerzo? ¿No creerá que estas sombras son realmente más visibles que los objetos que le enseñan?

-Seguramente.

--Y si ahora lo arrancamos de su caverna a viva fuerza y lo llevamos por el sendero áspero y escarpado hasta la claridad del sol, ¿esta violencia no provocará sus quejas y su cólera? Y cuando esté ya a pleno sol, deslumbrado por su resplandor, ¿podrá ver alguno de los objetos que llamamos verdaderos?

-No podrá, al menos los primeros instantes.

--Sus ojos deberán acostumbrarse poco a poco a esta región superior. Lo que más fácilmente verá al principio serán las sombras, después las imágenes de los hombres y de los demás objetos reflejadas en las aguas, y por último los objetos mismos. De ahí dirigirá sus miradas al cielo, y soportará más fácilmente la vista del cielo durante la noche, cuando contemple la luna y las estrellas, que durante el día el sol y su resplandor.

-Así lo creo.

--Y creo que al fin podrá no sólo ver al sol reflejado en las aguas o en cualquier otra parte, sino contemplarlo a él mismo en su verdadero asiento.

-Indudablemente.

--Después de esto, poniéndose a pensar, llegará a la conclusión de que el sol produce las estaciones y los años, lo gobierna todo en el mundo visible y es en cierto modo la causa de lo que ellos veían en la caverna.

-Es evidente que llegará a esta conclusión siguiendo estos pasos.

--Y al acordarse entonces de su primera habitación y de sus conocimientos allí y de sus compañeros de cautiverio, ¿no se sentirá feliz por su cambio y no compadecerá a los otros?

-Ciertamente.

--Y si en su vida anterior hubiese habido honores, alabanzas, recompensas públicas establecidas entre ellos para aquel que observase mejor las sombras a su paso, que recordase mejor en qué orden acostumbran a precederse, a seguirse o a aparecer juntas y que por ello fuese el más hábil en pronosticar su aparición, ¿crees que el hombre de que hablamos sentiría nostalgia de estas distinciones, y envidiaría a los más señalados por sus honores o autoridad entre sus compañeros de cautiverio? ¿No crees más bien que será como el héroe de Homero y preferirá mil veces no ser más «que un mozo de labranza al servicio de un pobre campesino» y sufrir todos los males posibles antes que volver a su primera ilusión y vivir como vivía?

-No dudo que estaría dispuesto a sufrirlo todo antes que vivir como anteriormente.

--Imagina ahora que este hombre vuelva a la caverna y se siente en su antiguo lugar. ¿No se le quedarían los ojos como cegados por este paso súbito a la oscuridad?

-Sí, no hay duda.

--Y si, mientras su vista aún está confusa, antes de que sus ojos se hayan acomodado de nuevo a la oscuridad, tuviese que dar su opinión sobre estas sombras y discutir sobre ellas con sus compañeros que no han abandonado el cautiverio, ¿no les daría que reír? ¿No dirán que por haber subido al exterior ha perdido la vista, y no vale la pena intentar la ascensión? Y si alguien intentase desatarlos y llevarlos allí, ¿no lo matarían, si pudiesen cogerlo y matarlo?

-Es muy probable.

--Ésta es precisamente, mi querido Glaucón, la imagen de nuestra condición. La caverna subterránea es el mundo visible. El fuego que la ilumina, es la luz del sol. Este prisionero que sube a la región superior y contempla sus maravillas, es el alma que se eleva al mundo inteligible. Esto es lo que yo pienso, ya que quieres conocerlo; sólo Dios sabe si es verdad. En todo caso, yo creo que en los últimos límites del mundo inteligible está la idea del bien, que percibimos con dificultad, pero que no podemos contemplar sin concluir que ella es la causa de todo lo bello y bueno que existe. Que en el mundo visible es ella la que produce la luz y el astro de la que procede. Que en el mundo inteligible es ella también la que produce la verdad y la inteligencia. Y por último que es necesario mantener los ojos fijos en esta idea para conducirse con sabiduría, tanto en la vida privada como en la pública.

-Yo también lo veo de esta manera, dijo, hasta el punto de que puedo seguirte. [. . .]

--Por tanto, si todo esto es verdadero, dije yo, hemos de llegar a la conclusión de que la ciencia no se aprende del modo que algunos pretenden. Afirman que pueden hacerla entrar en el alma en donde no está, casi lo mismo que si diesen la vista a unos ojos ciegos.

-Así dicen, en efecto, dijo Glaucón.

--Ahora bien, lo que hemos dicho supone al contrario que toda alma posee la facultad de aprender, un órgano de la ciencia; y que, como unos ojos que no pudiesen volverse *hacia la luz si no girase también el cuerpo entero, el órgano de la inteligencia debe volverse con el alma entera desde la visión de lo que nace hasta la contemplación de lo que es y lo que hay más luminoso en el ser; y a esto hemos llamado el bien, ¿no es así?*

-Sí.

--*Todo el arte, continué, consiste pues en buscar la manera más fácil y eficaz con que el alma pueda realizar la conversión que debe hacer. No se trata de darle la facultad de ver, ya la tiene. Pero su órgano no está dirigido en la buena dirección, no mira hacia donde debiera: esto es lo que se debe corregir.*

-Así parece, dijo Glaucón.

Capitulo 21

"Contrastes y Matices"

Todo lo existente en nuestra realidad tiene un opuesto equivalente, que lo hace valido, por ejemplo, no puede haber luz, sin oscuridad, o no puede haber sonido, sin silencio. Esto es así, porque si no tenemos un punto de distinción que le dé contraste, no podríamos detectar su existencia, a este hecho se le llama existencia por contraste, el calor existe porque existe el frio, un estado hace contraste al otro.

Si todo fuera oscuridad, sin matices, ni contrastes, siempre con ausencia absoluta de luz, lo más probable es que el concepto mismo de oscuridad, dejaría de ser válido, y hablaríamos de una realidad hipotética donde esta variable, no se conoce, no se percibe y posiblemente, no es siquiera imaginable. Lo mismo pasaría con el sonido, o cualquier otra variable.

Cuando hablamos que, entre la oscuridad absoluta, y la iluminación absoluta, hay diferentes niveles de intensidad, hablamos de la existencia de matices, esto hace que nuestra realidad sea análoga.

Esto sucede también con conceptos abstractos, de nada serviría hablar de que algo es "bueno", si no hay algo "que no es bueno". El mal hace valido el concepto de bien y es entre lo considerado bueno y lo considerado malo, existen matices intermedios.

Por eso hemos hablado, sobre la validez de que exista lo real, pues existe la fantasía, o la validez de la verdad, pues existe la mentira. Los matices que existen entre la realidad y la fantasía, y entre la verdad y la mentira, no hacen recordar sobre lo relativo de la realidad, y sobre la diferencia de la realidad personal y la realidad común.

Un ejemplo de esto, es la reflexión del vaso llenado/vaciado hasta la mitad. ¿El vaso está medio lleno o este medio vacío?, aquí lleno y vacío son contrastes, pero entre ambos existe matices, los contrastes son elementos de la realidad común, los matices de la realidad personal o individual.

Capitulo 22

"El Absurdo de la existencia"

Fue el gran escritor y pensador "Albert Camus" a quien se le ocurrió tomar, por primera vez, la historia mitológica de Sísifo y relacionarla, con lo absurda que es la existencia.

Primero que nada, me gustaría resumir, el cuento de Sísifo:

> *"Sísifo fue testigo del secuestro de Egina, una ninfa, por parte del dios Zeus. Ante este hecho Sísifo decide guardar silencio, hasta que el Dios Asopo (su padre), llega a Corinto (Sísifo es el fundador de este reino) preguntando por ella. Ante la situación, Sísifo, decide proponerle un trato a Asopo: contarle lo sucedido a Egina, a cambio de agua dulce para Corinto.*
>
> *Zeus se entera y entra en cólera, por lo cual envía a Tánatos (dios de la muerte), para matar a Sísifo. La apariencia de Tánatos era terrorífica, pero Sísifo no se inmuta. Lo recibe amablemente y lo invita a comer en una celda, en la que lo sorprende haciéndolo prisionero de un momento a otro.*
>
> *Por un tiempo prolongado, nadie murió y el que ahora entra en cólera es Hades, dios del inframundo. Este último exige a*

Zeus (su hermano) que resuelva la situación. Zeus decide enviar a Ares, dios de la guerra, para que libere a Tánatos y conduzca a Sísifo al inframundo.

Sísifo, pide a su esposa, que cuando muriera no le rindiera honras fúnebres.

En el inframundo, Sísifo empezó a quejarse con Hades. Le dijo que su esposa no cumplía con el deber sagrado de rendirle honra fúnebre. Hades le otorgó el favor de volver a la vida para reprender a su esposa por tal ofensa, pero Sísifo tenía planeado no regresar al inframundo. Vivió por muchos años hasta que finalmente accedió regresar.

Estando allí, Zeus y Hades, que para nada estaban contentos con las tretas de Sísifo, deciden imponerle un castigo ejemplar. Dicho castigo, consistía en subir una pesada piedra por la ladera de una montaña empinada. Y cuando estuviera a punto de llegar a la cima, la gran roca caería hacia el valle, para que él nuevamente volviera a subirla. Esto tendría que repetirse sucesivamente por toda la eternidad."

Camus, de alguna manera, vio una gran relación, entre la vida cotidiana, del trabajador promedio, con el castigo de Sísifo, como si la clase trabajadora, hubiera sido castigada por los "Dioses", igual que Sísifo.

"Los dioses habían condenado a Sísifo a transportar sin cesar una roca hasta la cima de una montaña, desde donde la piedra volvía a caer por su propio peso. Pensaron, con algún fundamento, que no hay castigo más terrible que el trabajo inútil y sin esperanza"

-Albert Camus

Incluso fue más allá, y vio la vida misma, como una acción de sin sentido, concluyo tras reflexionar, que probablemente, las cosas, no tenga una razón de ser, que nadie tiene un objetivo, nada, ni nadie, tiene una misión que cumplir, solo se es y se está y punto.

Ha esta perspectiva, carente de significado, le llamo "Absurdísmo", la cual era la primera ideología filosófica, que no buscaba una razón del ser, sino que incluso, daba por sentado que no había una.

Camus, decía que pasamos demasiado tiempo, buscando un porque o un para que, y que no hacíamos el importante ejercicio, de sentarnos, a considerar, que tal vez, no lo hay, que tal vez no hay motivos por los cuales suceden las cosas, que tal vez las cosas son y ya

"El hecho de que la vida no tenga ningún sentido es una razón para vivir, la única en realidad".

-E. M. Cioran

Albert Camus, no solo llego a reflexionar, sobre lo absurda que era la existencia, y sobre el hecho que todo carecía de sentido, sino también sobre lo importante que era rebelarse a ello. Notando la importancia de la voluntad de los hombres, pues de su voluntad depende encontrar un sentido donde no lo hay. Aclarando, que al final, todo pensamiento filosófico, se convierte en una decisión, entre aceptar la derrota del sin sentido y rendirnos a la muerte, o rebelarnos con todas nuestras fuerzas y nuestra pasión, contra el, y encontrar nuestra propia razón y sentido.

La clave de la razón de la existencia, está en la voluntad del ser.

La falta de sentido en la vida es la mayor razón para vivirla, nos libera de ser un conducto y nos convierte en conductores, pues nos da la capacidad de darle nosotros un sentido, esto es la base fundamental del libre albedrío.

Capitulo 23

"Voluntad entre Voluntades"

Hay una fuerza motriz más poderosa que el vapor, la electricidad y la energía atómica: la voluntad.

-Albert Einstein

Cuando hablamos de Voluntad hablamos de intención, hablamos del deseo por hacer algo, hablamos que podría hacerse algo distinto, o de diferente manera, pero se ha decidido de manera tal. Es decir, la Voluntad habla de decisión.

Cuando hablamos de la gravedad, de la energía, de la lógica tan ilógica, que dio forma a la vida, o bien, en general, de cómo son las cosas actualmente en el universo donde vivimos, el cómo se compone y como funciona nuestra realidad, podemos notar, con cierta facilidad, que hay decisión en las cosas, hay voluntad.

Cuando no había nada, y hubo, pudo haber seguido sin haber nada por siempre, pero hubo...

Cuando notamos las constantes del universo, como la velocidad de la luz, nos damos cuenta que cada una de estas constantes, pudieron ser cualquier otra, o tener cualquier otro valor, pero fueron estas...

Cuando notamos que la materia tomo lógica por sí misma, y se formó la vida, nos damos cuenta que pudo no llegar a tenerla nunca, pero la tuvo...

Cuando hablamos de los niveles de conciencia, nos damos cuenta que no había un porque, de la migración de un tipo de conciencia al otro, sin embargo, aquí estamos, con nuestro nivel de conciencia e inteligencia, haciéndonos estas preguntas...

Es, así que cuando nos damos cuenta, que nunca vamos a llegar a la Utopía, aun así, seguimos persiguiéndola.

Aunque pudiste no estar aquí, aquí es donde estas...

Aunque pudiste no ser, eres...

Todo en la realidad, es como es, por cierta intención general, la cual es una suma de todas las intenciones menores. Cuando me preguntan sobre que es Dios, suelo pensar, que es la gran voluntad por la que todo es, y por la que todo está.

Desde mi perspectiva, puedo comentar que la voluntad de rebelión, es la máxima razón detectable de la existencia; el sin sentido existe, para que exista el sentido, y el absurdo existe, para exista la razón.

La máxima perfección imaginable en este sentido (Dios), sería el sentido definitivo y la razón de todo, conceptos que, al igual que la utopía, deberán ser perseguidos, aunque no se puedan alcanzar.

Capitulo 24

<u>"Conclusiones; Primera Parte"</u>

Hasta el momento hemos tocado reflexiones y pensamientos que abarcan una gran parte de nuestros cuestionamientos iniciales, en reducidas cuentas, hemos desarrollado una línea de pensamiento reflexivo y analítico enfocado a cuestionar nuestro entorno y nuestra realidad.

Hemos reflexionado sobre qué tan valida es nuestra idea de la realidad, y sobre cómo es que pudiera estar estructurada. Se ha hablado desde un enfoque científico, así como, desde un enfoque filosófico. Se ha cuestionado a nuestro entorno y sobre lo que sabemos de él.

En cuanto a nosotros mismo, como entidades pensantes, nos hemos definido como observadores, y a la vez, hemos reflexionado sobre nuestra importancia dentro de nuestro entorno, sobre nuestra posición dentro de la realidad, incluso, sobre nuestra razón o sin razón de ser y estar.

Pero...

Queda pendiente la que considero es la más grande de las preguntas realizadas hasta el momento...

SOY, EL QUE SOY

¿Quién soy yo?

Capitulo 25

"La única certeza: Rene Descartes"

Rene Descartes, fue un gran físico, matemático y filósofo francés del siglo XVII, el cual es considerado como el padre de la filosofía moderna, y de la geometría analítica, y al cual todo mundo hemos escuchado mencionar debido a su más grande frase célebre "pienso, luego existo", o debido al uso sumamente común en matemáticas del "plano cartesiano", en su escrito que tituló "meditaciones metafísicas", hizo notar el famoso movimiento de la "duda metódica o hiperbólica", en la que proponía la duda extrema, exponiendo que el verdadero sentido crítico de la filosofía, no es encontrar verdades, sino demoler mentiras a través de la duda.

Así fue, que partiendo desde la idea de que la realidad, al estar formada por lo que percibimos con nuestros sentidos, es una realidad incierta. El argumentaba que como nuestros sentidos nos pueden engañar, entonces la realidad física perceptible puede ser puesta en duda.

Ejemplificando el punto, podríamos pensar en aquella ocasión que creímos escuchar una voz, pero no había nadie, o como cuando insertamos una bara en el agua, y creemos que esta se ha deformado debido al efecto óptico del agua. Todo esto hace evidente la posibilidad de engaño. Entonces, decía Descartes, si lo que percibimos en ocasiones es mentira, cabe la posibilidad de que toda nuestra realidad sea una mentira, o un engaño.

Descartes, se preguntaba; si no tengo una certeza completa de la realidad que percibo, ¿que si puede ser una verdad absoluta?, ¿lo que pensamos?. Haciendo un ejercicio mental, recordó haber tenido sueños que se sintieron sumamente reales, pero que no lo eran. Los sueños, decía, están alejados del mundo físico, pues todo lo que es realidad durante el sueño, no es algo formado por lo que percibimos con nuestros sentidos durante ese momento, pues estamos, acostados en nuestra cama con los ojos cerrados. Entonces, decía, el mundo de los pensamientos también puede ser puesto en duda, como algo certero.

Si lo que percibimos, sentimos y pensamos, puede ser puesto en duda, incluso podríamos dudar de la duda misma, podríamos dudar, sin estar realmente dudando... la certeza de la realidad se desmoronaba, fue (imagino) algo decepcionante, no encontrar nada que sobreviviera al sentido crítico de la duda, pero en ese momento de decepción, tuvo un momento de iluminación.

Todo en la realidad, puede ser cuestionado y puesto en duda... todo... menos.... la existencia de quien duda.

Todo puede ser puesto en duda como real y verdadero, tanto cuanto percibimos y pensamos, menos nosotros mismos pues somos quienes percibimos y pensamos.

Lo único de lo que puedo tener certeza de que existe, soy YO, pues sin mí no hay mentira, ni verdad, pues no hay quien lo cuestione, por lo cual la única certeza es la de mi existencia.

"De la existencia de mi YO, es de lo único de lo que puedo tener certeza."

Capitulo 26

"La inconsistencia de los orígenes del YO"

Nuestra idea de la realidad se basa en lo que percibimos, en la experiencia que adquirimos, y en la forma en la que pensamos. Es decir, la forma que creemos tiene la realidad, es debido a la forma en la que estamos "diseñados", por lo cual, si nuestros sentidos fueran otros, y nuestro cerebro fuera diferentes, tal vez la forma que creemos tiene la realidad fuera otra.

Aquí hay algo importante a notar, la mente y el pensamiento, es una actividad creada por la forma en la que se estructura nuestro cerebro, por lo cual el YO (viéndolo de una manera fría, y más científica que filosófica) está en nuestro cerebro, cierto?

Si nuestro cerebro está presente en esta realidad, y su diseño funcional depende de la realidad física, significaría que esta hecho de materia, entonces el cerebro es parte de la realidad física. La psicología y psiquiatría, dictan en números estudios, que, si se modifica el cerebro, bajo ciertas circunstancias, el individuo cambia, creándose un "nuevo individuo", en el mismo cuerpo y en el mismo cerebro. Incluso hay casos de cambio completo de personalidad, esto, sin mencionar los casos de personas que dicen poder ver sonidos y escuchar colores.

Pudiendo concluir que, el YO, sé "crea" en la realidad común y la realidad relativa se crea en el YO.

En cambio, filosóficamente, y usando el método de la duda hipérbola, podemos identificar la siguiente posibilidad; si la realidad es un engaño, y no es una certeza, entonces todo conocimiento adquirido en ella y por ella, también pudiese serlo, llegando al punto de identificar la posibilidad del que el cerebro no exista, siendo YO, algo ajeno y más elevado que la misma realidad física.

Por lo cual existen dos YO posibles:
1. El YO creado en la realidad física, e intérprete de ella.

    Realidad Física Clásica
2. EL YO independiente de la realidad física y superior a ella.

    Virtualización de la Realidad Física

Por lo que renace la pregunta del Capítulo 12...

¿Somos "visitantes" en la realidad física, o somos parte de ella?

Capitulo 27

"YO, soy YO... y tú?: Los limites de la filosofía"

Si lo único que puedo tener certeza, es de la existencia de mi YO, pues según el pensamiento cartesiano (Rene Descartes) no se puede poner en duda el origen de todas las dudas, entonces, ¿dónde quedas tu?, o bien, ¿dónde quedo yo desde tu perspectiva?

¿Sobrevive la pluralidad antes la duda metódica?

La verdad es que no hay certeza de la pluralidad, pues la pluralidad no sobrevive a la duda. Desde cada perspectiva, si es que existen varias, la única certeza es la existencia de su individualismo pensante.

Llegare a un punto, el cual no me gusta del todo... Religión...

En el mundo filosófico moderno, es común tomar la idea de que todo texto tiene implícito, una base filosófica, y que toda religión parte de un pensamiento filosófico.

Tomemos, como ejemplo, el siguiente extracto del antiguo testamento de la Biblia Cristiana, que también es parte de la Tora Judía:

Éxodo, capítulo 3, versículos 13-14. Dice: "Contestó Moisés a Dios: "Si voy a los israelitas y les digo: "El Dios de vuestros padres me ha enviado a vosotros"; cuando me pregunten: "¿Cuál es su nombre?", ¿qué les responderé?" Dijo Dios a Moisés: "YO SOY EL QUE SOY".

Como se puede notar, en este texto, Moisés, pide conocer el nombre de Dios y este le contesta, "YO SOY EL QUE SOY". En esta respuesta, no es en si el concepto religioso de Dios, sino más bien, el contexto filosófico que envuelve la respuesta, lo que lo hace sumamente interesante, desde un aspecto crítico, ¿porque "Dios" respondería -"Yo soy el que soy?

Muy posiblemente, el texto sea una forma de explicar que... Él es el que "es", por lo cual nadie, ni nada más, "es" ...

Algo muy parecido, al YO SOY, tan popular en las lecturas filosóficas y el cual Descartes encontró como única certeza.

Dios, más que una deidad mitológica con una personificación humana, representa la verdadera realidad, de la que todo engaño parte, o esto es así en mi entender.

Descartes, llego a la conclusión de que Dios existe, formulando el siguiente supuesto: "yo soy imperfecto, y tengo una mente imperfecta, aun así, tengo noción de la existencia de la perfección, pero como puede algo imperfecto, imaginar o crear (aunque sea mentalmente) algo perfecto, por defecto algo que si es perfecto introdujo la idea de perfección en mí, por lo tanto, Dios existe."

Con esto, parece que el espíritu crítico de la duda hipérbola, que el mismo desarrollo, fue asesinado por su "subjetiva fe"... pues creo, que nuestra idea de perfección, es imperfecta, es decir, tenemos una imperfecta idea de la perfección (ver Capitulo 18).

En este sentido (el cartesiano), Dios está separado de las cosas, lo perfecto, es independiente de lo imperfecto, según Descartes, existe el YO, y existe Dios, de manera independientes, como cosas separadas.

Si YO SOY, es la única certeza, y Dios es lo único que es, tal vez, somos en cierto sentido, equivalencias incompletas (ecos). Somos divisiones menores, de algo mayor, imperfecciones, formando en conjunto total... una perfección.

Piezas de rompecabezas.

Tratare de explicar esta idea; la idea general, no es decir que yo sea perfecto, que yo sea Dios, sino que (tal vez) mi YO, parte de la realidad verdadera, donde existe la perfección, que la pluralidad (quizás) no exista, y todo sea parte de lo mismo, una serie de "reflejos" de una entidad mayor.

...

Capitulo 28

"Conclusiones: segunda parte"

Al igual que la ciencia parece ser que la filosofía, también tiene límites, donde se rompe la razón, el juicio, la crítica y la lógica, y tenemos que recurrir a la creencia y en la suposición.

Es en este punto, cuando podemos decir que se llega al punto más cercano al Sol Platónico. Aquel Sol que representa el conocimiento máximo, a la perfección, la verdad, el bien... que tal vez es imposible de interpretar, pues, va más allá de nuestra capacidad de visión (entendimiento).

¡Pero que sin duda... en el futuro... con mucha curiosidad, y alegría... iremos redefiniendo... pues no se llega a la utopía... ni a la perfección del horizonte... pero siempre nos hará caminar!

www.ingramcontent.com/pod-product-compliance
Lightning Source LLC
Chambersburg PA
CBHW050242220526
45465CB00002B/518